방정식의 기초인 어떤 수 구하기 총정리

바쁜 친구들이 즐거워지는 빠른 학습법
★ 바빠 ★
연산법
시리즈

리 교육연구소, 호사라 지음

바쁜 빠른

3·4학년을 위한

방정식

$$\square \times 12 = 96$$

바빠만의 3가지 전략 수록

어떤 수 구하기
10일 완성!

한 권으로
총정리!

• 방정식의 기초
• 어떤 수 구하기
• 어떤 수 구하기 응용

이지스에듀

지은이 **징검다리 교육연구소, 호사라**

징검다리 교육연구소는 바쁜 친구들을 위한 빠른 학습법을 연구하는 이지스에듀의 공부 연구소입니다. 아이들이 기계적으로 공부하지 않도록, 두뇌가 활성화되는 과학적 학습 설계가 적용된 책을 만듭니다.

호사라 선생님은 서울대학교 교육학과에서 학사와 석사 학위를, 버지니아 대학교(University of Virginia)에서 영재 교육학 박사 학위를 취득한 영재 교육 전문가입니다. 미국 연방영재센터에서 영재 교사 연수 프로그램과 영재 교육 프로그램을 개발한 다음 귀국 후에는 한국교육개발원에서 '창의성 교육 프로그램'을 개발했습니다. 분당에 영재사랑 교육연구소(031-717-0341)를 설립하여 유년기(6~13세) 영재들을 위한 논술, 수리, 탐구 프로그램을 직접 개발하여 수업을 진행하고 있습니다.

분당 영재사랑연구소 블로그 blog.naver.com/ilovethegifted

바빠 연산법 - 10일에 완성하는 영역별 연산 시리즈
바쁜 3·4학년을 위한 빠른 방정식

초판 발행 2022년 10월 25일
초판 5쇄 2025년 1월 17일
지은이 징검다리 교육연구소, 호사라
발행인 이지연
펴낸곳 이지스퍼블리싱(주)
출판사 등록번호 제313-2010-123호
주소 서울시 마포구 잔다리로 109 이지스빌딩 5층(우편번호 04003)
대표전화 02-325-1722   팩스 02-326-1723
이지스퍼블리싱 홈페이지 www.easyspub.com   이지스에듀 카페 www.easysedu.co.kr
바빠 아지트 블로그 bolg.naver.com/easyspub   인스타그램 @easys_edu
페이스북 www.facebook.com/easyspub2014   이메일 service@easyspub.co.kr

본부장 조은미   기획 및 책임 편집 박지연 | 김현주, 정지희, 정지연, 이지혜   교정 교열 방지현   문제 검수 김해경
표지 및 내지 디자인 정우영   그림 김학수, 이츠북스   전산편집 이츠북스   인쇄 보광문화사
영업 및 문의 이주동, 김요한(support@easyspub.co.kr)   마케팅 라혜주   독자 지원 박애림, 김수경

ISBN 979-11-6303-406-3 64410
ISBN 979-11-6303-253-3(세트)
가격 12,000원

알찬 교육 정보도 만나고 출판사 이벤트에도 참여하세요!

1. 바빠 공부단 카페   2. 인스타그램   3. 카카오 플러스 친구
cafe.naver.com/easyispub   @easys_edu   🔍 이지스에듀 검색!

• **이지스에듀**는 이지스퍼블리싱의 교육 브랜드입니다.
  (이지스에듀는 아이들을 탈락시키지 않고 모두 목적지까지 데려가는 책을 만듭니다!)

추천의 글

"펑펑 쏟아져야 눈이 쌓이듯, 공부도 집중해야 실력이 쌓인다."

교과서 집필 교수, 영재교육 연구소, 수학 전문학원, 명강사들이 적극 추천하는 '바빠 연산법'

'바빠 연산법' 시리즈는 학생들이 수학적 개념의 이해를 통해 수학적 절차를 터득하도록 체계적으로 구성한 책입니다.

김진호 교수(초등 수학 교과서 집필진)

한 영역의 계산을 체계적으로 배치해 놓아 학생들이 '끝을 보려고 달려들기'에 좋은 구조입니다. 계산 속도와 정확성을 완벽한 경지로 올려 줄 것입니다.

김종명 원장(분당 GTG수학)

'바빠 방정식'은 많은 친구들이 시험에서 가장 많이 틀리는 '어떤 수 구하기'만 집중 훈련하는 책입니다. 방정식을 초등 수학에서 다루는 방식으로 설명하고 풀이 방법을 알려 주기 때문에 학교 시험 대비에 효과적입니다.

김정희 선생(바빠 공부단 케이수학쌤)

'어떤 수 구하기'는 중학 방정식을 풀기 위한 기초 단계입니다. 초등 수학 과정에서는 방정식의 원리를 아는 게 중요합니다. 연산에 자신 있는 모든 친구들에게 심화 문제집을 풀기 전 이 책을 꼭 푸는 것을 추천합니다.

김승태(수학자가 들려주는 수학 이야기 저자)

연산 책의 앞부분만 풀다 말았다면 많은 문제 수에 치여서 싫어한다는 뜻입니다. 쉬운 내용은 압축, 어려운 내용은 충분히 연습하도록 구성해 학습 효율을 높인 '바빠 연산법'을 적극 추천합니다.

한정우 원장(일산 잇츠수학)

단순 반복 계산이 아닌 정확한 이해를 바탕으로 스스로 생각하는 힘을 길러 주는 연산 책입니다. '바빠 연산법'은 수학의 자신감을 키워줄 뿐 아니라 심화·사고력 학습에도 도움을 줄 것입니다.

박지현 원장(대치동 현수학학원)

친절한 개념 설명과 문제 풀이 비법까지 담겨 있어 연산 실력을 단기간에 끌어올릴 수 있는 최고의 교재입니다. 수학의 기초가 부족한 고학년 학생에게 '강추'합니다.

정경이 원장(하늘교육 문래학원)

어떤 수를 구하는 미지수의 세계 '방정식'! 그 매력에 빠질 준비가 되어 있다면 방정식의 기본 개념부터 차근차근 이해하고 왜 그렇게 되는지 과정을 알 수 있는 '바빠 방정식'만의 꿀팁을 만나 보세요!

김민경 원장(동탄 더원수학)

초등 수학의 고득점을 결정하는
'어떤 수 구하기'를 탄탄하게!

'초등 방정식'만 모아 집중 훈련하니
어려운 학교 시험 문제도 술술 풀려요!

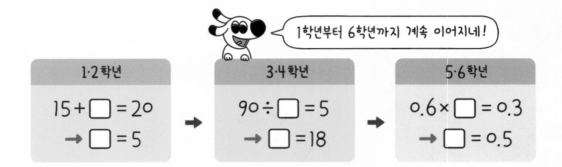

1학년부터 6학년까지 계속 이어지네!

1·2학년	3·4학년	5·6학년
$15 + \square = 20$	$90 \div \square = 5$	$0.6 \times \square = 0.3$
$\rightarrow \square = 5$	$\rightarrow \square = 18$	$\rightarrow \square = 0.5$

**초등 방정식!
왜 중요할까?**

'어떤 수 구하기(□ 안의 값 구하기)'는 1학년부터 6학년까지 초등 전학년 수학 교과서에서 빠지지 않고 나오는 내용입니다.

따라서 자기 학년에 나오는 내용을 제대로 익히지 못한 채 넘어가면 다음 학년에서 큰 어려움을 느끼게 됩니다. 그리고 '어떤 수 구하기'는 많은 친구들이 시험 문제에서 가장 많이 틀리는 유형 중 하나입니다.

이 책은 3·4학년 수학의 '어떤 수 구하기' 유형을 한 권으로 모아 집중 훈련하는 책입니다. 문제를 풀기 전 친절한 설명으로 개념을 쉽게 이해하고, 충분한 연산 훈련으로 조금씩 어려워지는 문제에 도전합니다. 또한 응용 문제와 활용 문장제까지 다뤄 학교 시험 대비까지 할 수 있으니, 딱 10일만 집중해서 시간을 투자해 보세요.

**초등 방정식!
어떻게
공부해야 할까?**

'초등 방정식'은 초등 수학에 맞는 풀이 방법으로 배우는 것이 가장 중요합니다. 너무 일찍 중학 수학 방정식의 이항 개념을 접하게 되면, 방정식의 원리를 이해하지도 못한 채 기계적으로 풀다가 계산 실수를 범하기 쉽습니다. 이는 생각 없이 문제만 풀게 만들어 새로운 유형의 문제를 해결하는 힘을 키우지 못하고 결국 수학을 포기하게 만듭니다.

문제 해결력을 키우는 '바빠 방정식'만의 3가지 전략

'바빠 3·4학년 방정식'에서는 초등 수학에 꼭 맞는 풀이 방법을 제시합니다. 먼저 방정식의 기초 개념인 '덧셈과 뺄셈의 관계'와 '곱셈과 나

방정식의 첫걸음 '어떤 수 구하기'는 원리를 아는 게 핵심이에요.

호 박사

눗셈의 관계'부터 알려 줍니다. 그리고 '입술 모양 수직선 그리기', '무당벌레 모양 그리기', '거꾸로 생각하기'의 3가지 전략을 제시하여 문제를 해결하는 힘을 길러 줍니다.

특히 '거꾸로 생각하기' 전략은 분당 영재사랑 교육연구소에서 17년째 영재 아이들을 지도하고 있는 호사라 박사님의 지도 꿀팁입니다. 계산 결과에서부터 거꾸로 생각하는 훈련은 고난도 문제를 풀 수 있는 문제 해결력과 수학 사고력도 키워 줍니다. 또한 더 나아가 중학 수학 방정식의 기초도 다질 수 있습니다.

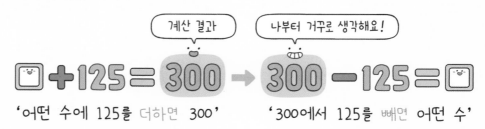

계산 결과

나부터 거꾸로 생각해요!

$$\square + 125 = 300 \rightarrow 300 - 125 = \square$$

'어떤 수에 125를 더하면 300'   '300에서 125를 빼면 어떤 수'

탄력적 훈련으로 진짜 실력을 쌓는 효율적인 학습법!

'바빠 3·4학년 방정식'은 다른 바빠 시리즈들이 그렇듯 같은 시간을 들여도 더 효과적으로 실력을 쌓는 학습법을 제시합니다.

간단한 연습만으로 충분한 단계는 빠르게 확인하고 넘어가고, 더 많은 학습량이 필요한 단계는 충분한 훈련이 가능하도록 확대하여 구성했습니다. 또한, 하루에 2~3단계씩 10~20일 안에 풀 수 있도록 구성하여 단기간 집중적으로 학습할 수 있습니다. 집중해서 공부하면 전체 맥락을 쉽게 이해할 수 있어서 한 권을 모두 푸는 데 드는 시간도 줄어들고, 펑펑 쏟아져야 눈이 쌓이듯, 실력도 차곡차곡 쌓입니다.

'바빠 3·4학년 방정식'으로 방정식의 원리부터 이해한 뒤 학년에 맞는 전략으로 연습하고 응용·활용 문장제까지 훈련하고 나면 초등 수학 시험에서 고득점을 받게 될 것입니다.

왜 '바빠 연산법' 일까?

선생님이 바로 옆에 계신 듯한 설명

무조건 풀지 않는다!
개념을 보고 '느낌 알면서~.'

개념을 바르게 이해하지 못한 채 생각 없이 문제만 풀다 보면 어느 순간 벽에 부딪힐 수 있어요. 기초 체력을 키우려면 영양소를 골고루 섭취해야 하듯, 연산도 훈련 과정에서 개념과 원리를 함께 접해야 기초를 건강하게 다질 수 있답니다.

오호! 제목만 읽어도 개념이 쏙쏙~.

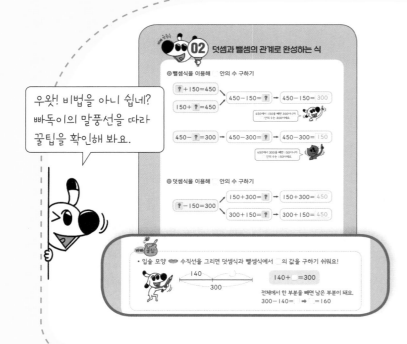

우왓! 비법을 아니 쉽네? 빠독이의 말풍선을 따라 꿀팁을 확인해 봐요.

책 속의 선생님!
'바빠 꿀팁'과 빠독이의 힌트로
선생님과 함께 푼다!

문제를 풀 때 알아두면 좋은 꿀팁부터 실수를 줄여주는 꿀팁까지! '바빠 꿀팁'과 책 곳곳에서 알려 주는 빠독이의 힌트로 쉽게 이해하고 풀 수 있어요. 마치 혼자 푸는 데도 친절한 선생님이 옆에 있는 것 같은 기분이 들거예요.

종합 선물 같은 훈련 문제

실력을 쌓아 주는
바빠의 '작은 발걸음' 방식!

쉬운 내용은 빠르게 학습하고, 어려운 부분은 더 많이 훈련하도록 구성해 학습 효율을 높였어요. 또한 조금씩 수준을 높여 도전하는 바빠의 '작은 발걸음 방식(small step)'으로 몰입도를 높였어요.

느닷없이 어려워지지 않으니 끝까지 풀 수 있어요~.

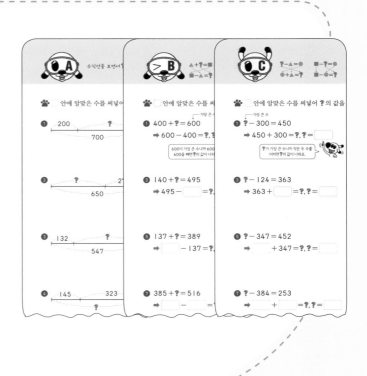

생활 속 언어로 이해하고,
게임으로 개념을 다시 확인하니
자신감이 저절로!

단순 계산력 문제만 연습하고 끝나지 않아요. 개념을 한 번 더 정리해 최종 점검할 수 있는 쉬운 문장제와 게임처럼 즐거운 연산 놀이터 문제로 완벽하게 자신의 것으로 만들면 자신감이 저절로!

다양한 유형의 문제로 즐겁게 학습해요~!

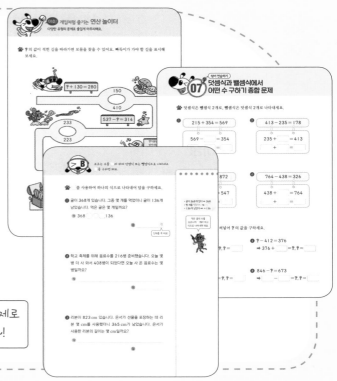

바쁜 3·4학년을 위한 빠른 방정식

바쁜 **3·4학년**을 위한 **빠른** 방정식

방정식의 기초 10분 **진단 평가**

이 책은 4학년 수학 공부를 마친 친구들이 푸는 것이 좋습니다.
공부 진도가 빠른 3학년 학생 또는
'어떤 수 구하기'가 헷갈리는 5학년 학생에게도 권장합니다.

내 실력은 어느 정도일까?

10분 진단

평가 문항: 20문항
방정식을 풀 준비가 되었는지
정확하게 확인하고 싶다면?
➜ 바로 20일 진도로 진행!

진단할 시간이 부족할 때

5분 진단

짝수 문항만
풀어 보세요~.

평가 문항: 10문항
학원이나 공부방 등에서
진단 시간이 부족할 때 사용!

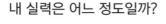 시계가 준비됐나요?
자! 이제 제시된 시간 안에 진단 평가를 풀어 본 후
12쪽의 '권장 진도표'를 참고하여 공부 계획을 세워 보세요.

🐾 계산하세요.

①
```
   3 8 6
 + 4 1 9
```

②
```
   9 2 4
 - 3 5 6
```

③
```
    2 8
 ×    6
```

④
```
   3 1 5
 ×     7
```

⑤
```
    4 9
 ×  8 2
```

⑥
```
   1 5 4
 ×   2 9
```

⑦ 6) 9 6

⑧ 7) 4 6 9

⑨ 1 2) 8 4

⑩ 3 6) 5 0 4

🐾 ☐ 안에 알맞은 수를 써넣으세요.

⑪ 140 + 200 = 340

➡ ⎰ 340 − ☐ = 200
   ⎱ 340 − ☐ = 140

⑫ 400 − 150 = 250

➡ ⎰ 150 + ☐ = 400
   ⎱ 250 + ☐ = 400

⑬ 7 × 6 = 42

➡ ⎰ 42 ÷ ☐ = 6
   ⎱ 42 ÷ ☐ = 7

⑭ 60 ÷ 15 = 4

➡ ⎰ 15 × ☐ = 60
   ⎱ 4 × ☐ = 60

⑮ 350 + ☐ = 500

⑯ ☐ − 280 = 170

⑰ 8 × ☐ = 72

⑱ ☐ × 13 = 91

⑲ 98 ÷ ☐ = 7

⑳ ☐ ÷ 26 = 15

나만의 공부 계획을 세워 보자

다 맞았어요! — 예 → 공부할 준비가 잘 되었네요! **10일 진도표**로 빠르게 푸세요!

아니요

1~10번을 못 풀었어요. — 예 → '바쁜 3·4학년을 위한 **빠른 곱셈/나눗셈**' 편을 먼저 풀고 다시 도전!

아니요

11~16번에 틀린 문제가 있어요. — 예 → 첫째 마당부터 차근차근 풀어 봐요! **20일 진도표**로 공부 계획을 세워 봐요!

아니요

17~20번에 틀린 문제가 있어요. — 예 → 단기간에 끝내는 **10일 진도표**로 공부 계획을 세워 봐요!

권장 진도표

★	20일 진도	10일 진도
1일	01	01~03
2일	02	04~05
3일	03	06~07
4일	04	08
5일	05	09~11
6일	06	12~13
7일	07	14~15
8일	08	16
9일	09	17~18
10일	10	19~20
11일	11	
12일	12	
13일	13	
14일	14	
15일	15	
16일	16	
17일	17	
18일	18	
19일	19	
20일	20	

야호! 총정리 끝!

진단 평가 정답

① 805　　② 568　　③ 168　　④ 2205　　⑤ 4018　　⑥ 4466

⑦ 16　　⑧ 67　　⑨ 7　　⑩ 14　　⑪ 140, 200　　⑫ 250, 150

⑬ 7, 6　　⑭ 4, 15　　⑮ 150　　⑯ 450　　⑰ 9　　⑱ 7

⑲ 14　　⑳ 390

첫째 마당

덧셈식과 뺄셈식에서 **어떤 수 구하기**

덧셈식과 뺄셈식에서 어떤 수는 '덧셈과 뺄셈의 관계'를 이용하면 쉽게 구할 수 있어요. 받아올림과 받아내림에 주의하며 계산하고, 어떤 수를 구한 다음 답이 맞는지 꼭 확인하는 습관도 들여 보세요.

	공부할 내용!	완료	10일 진도	20일 진도
01	덧셈과 뺄셈은 아주 친한 관계!	✔		1일차
02	덧셈과 뺄셈의 관계로 완성하는 식	☐	1일차	2일차
03	덧셈식과 뺄셈식에서 어떤 수 구하기 집중 연습!	☐		3일차
04	각 자리에서 받아올림이 있는지 주의하며 계산해	☐		4일차
05	각 자리에서 받아내림이 있는지 주의하며 계산해	☐	2일차	5일차
06	모르는 수가 2개면 알 수 있는 것부터 차례로 구해	☐		6일차
07	덧셈식과 뺄셈식에서 어떤 수 구하기 종합 문제	☐	3일차	7일차
08	모르는 수를 ☐로 써서 덧셈식 또는 뺄셈식을 세워	☐	4일차	8일차

01 덧셈과 뺄셈은 아주 친한 관계!

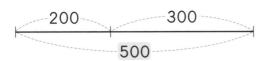

$$200 + 300 = 500, \ 300 + 200 = 500$$
$$500 - 200 = 300, \ 500 - 300 = 200$$

☆ 덧셈식을 뺄셈식 2개로 나타내기

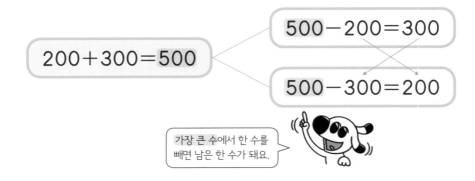

$$200 + 300 = 500$$

$$500 - 200 = 300$$

$$500 - 300 = 200$$

가장 큰 수에서 한 수를 빼면 남은 한 수가 돼요.

☆ 뺄셈식을 덧셈식 2개로 나타내기

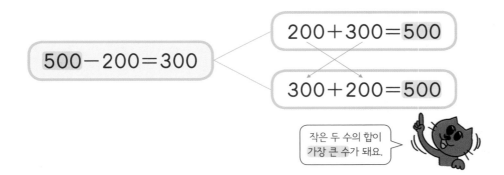

$$500 - 200 = 300$$

$$200 + 300 = 500$$

$$300 + 200 = 500$$

작은 두 수의 합이 가장 큰 수가 돼요.

바빠 꿀팁!

• 부분과 부분을 더하면 전체, 전체에서 부분을 빼면 부분이에요.

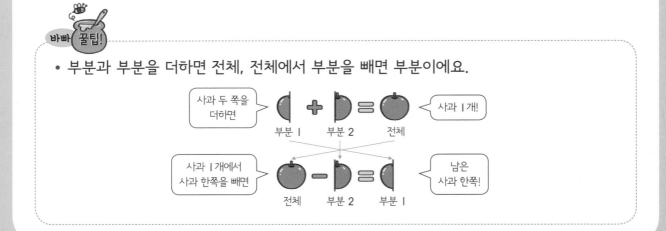

사과 두 쪽을 더하면

부분 1   부분 2   전체

사과 1개!

사과 1개에서 사과 한쪽을 빼면

전체   부분 2   부분 1

남은 사과 한쪽!

🐾 덧셈식은 뺄셈식 2개로, 뺄셈식은 덧셈식 2개로 나타내세요.

1

```
┌───── 400 ─────┬──── 250 ────┐
│               │             │
└──────────── 650 ────────────┘
```

$$400 + 250 = 650$$

$$650 - \boxed{} = 250$$
$$650 - \boxed{} = 400$$

덧셈식을 뺄셈식으로 나타내면
가장 큰 수가 맨 앞으로 와요.

$$650 - 400 = 250$$

$$400 + \boxed{} = 650$$
$$250 + \boxed{} = 650$$

순서를 바꾸어
더해도 합은 같아요.

2

```
┌── 150 ──┬──── 350 ────┐
│         │             │
└──────── 500 ──────────┘
```

$$150 + 350 = 500$$

$$500 - \boxed{} = 350$$
$$\boxed{} - \boxed{} = 150$$

$$500 - 150 = 350$$

$$150 + \boxed{} = 500$$
$$350 + \boxed{} = \boxed{}$$

3

```
┌───── 524 ─────┬──── 235 ────┐
│               │             │
└──────────── 759 ────────────┘
```

$$524 + 235 = 759$$

$$\boxed{} - 524 = \boxed{}$$
$$\boxed{} - \boxed{} = 524$$

$$759 - 524 = 235$$

$$524 + \boxed{} = \boxed{}$$
$$\boxed{} + 524 = \boxed{}$$

$$\triangle + \bullet = \blacksquare$$

$$\blacksquare - \triangle = \bullet$$
$$\blacksquare - \bullet = \triangle$$

덧셈식은 가장 큰 수에서 한 수를 빼는
뺄셈식 2개로 나타낼 수 있어요.

🐾 덧셈식을 뺄셈식 2개로 나타내세요.

먼저 가장 큰 수를
찾아 ◯표 해 봐요!

①
가장 큰 수
$$250 + 500 = ⃝750$$
$$750 - \boxed{} = 500$$
$$750 - \boxed{} = 250$$

②
$$420 + 170 = 590$$
$$590 - 420 = \boxed{}$$
$$590 - \boxed{} = 420$$

③
$$145 + 230 = 375$$
$$375 - \boxed{} = 230$$
$$375 - 230 = \boxed{}$$

④
$$362 + 125 = 487$$
$$487 - \boxed{} = 125$$
$$\boxed{} - \boxed{} = 362$$

⑤
$$133 + 258 = 391$$
$$391 - \boxed{} = 258$$
$$391 - \boxed{} = \boxed{}$$

⑥
$$459 + 125 = 584$$
$$584 - 459 = \boxed{}$$
$$\boxed{} - 125 = \boxed{}$$

⑦
$$309 + 465 = 774$$
$$774 - \boxed{} = 465$$
$$\boxed{} - \boxed{} = \boxed{}$$

⑧
$$726 + 187 = 913$$
$$\boxed{} - 726 = \boxed{}$$
$$\boxed{} - \boxed{} = \boxed{}$$

$$\blacksquare - \blacktriangle = \bullet$$

$$\blacktriangle + \bullet = \blacksquare$$
$$\bullet + \blacktriangle = \blacksquare$$

뺄셈식은 작은 두 수를 더하면 가장 큰 수가 되는
덧셈식 2개로 나타낼 수 있어요.

🐾 뺄셈식을 덧셈식 2개로 나타내세요.

먼저 가장 큰 수를
찾아 ◯표 해 봐요!

가장 큰 수

①
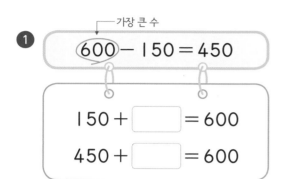

$$600 - 150 = 450$$

$$150 + \boxed{} = 600$$
$$450 + \boxed{} = 600$$

②
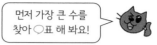
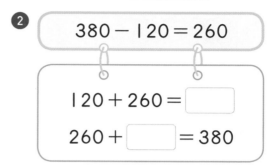

$$380 - 120 = 260$$

$$120 + 260 = \boxed{}$$
$$260 + \boxed{} = 380$$

③
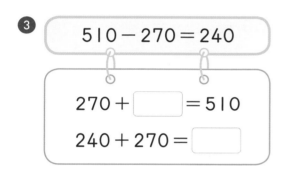

$$510 - 270 = 240$$

$$270 + \boxed{} = 510$$
$$240 + 270 = \boxed{}$$

④
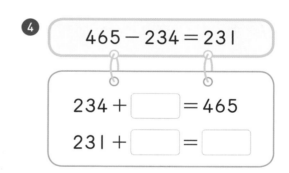

$$465 - 234 = 231$$

$$234 + \boxed{} = 465$$
$$231 + \boxed{} = \boxed{}$$

⑤
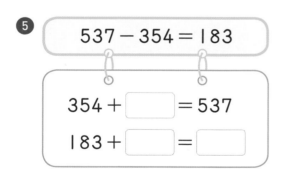

$$537 - 354 = 183$$

$$354 + \boxed{} = 537$$
$$183 + \boxed{} = \boxed{}$$

⑥
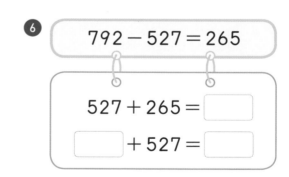

$$792 - 527 = 265$$

$$527 + 265 = \boxed{}$$
$$\boxed{} + 527 = \boxed{}$$

⑦

$$658 - 274 = 384$$

$$274 + \boxed{} = 658$$
$$\boxed{} + \boxed{} = \boxed{}$$

⑧
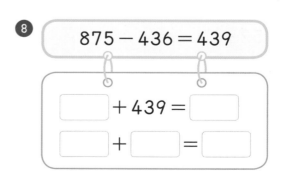

$$875 - 436 = 439$$

$$\boxed{} + 439 = \boxed{}$$
$$\boxed{} + \boxed{} = \boxed{}$$

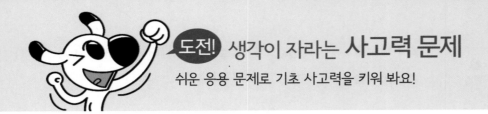

도전! 생각이 자라는 **사고력 문제**

쉬운 응용 문제로 기초 사고력을 키워 봐요!

🐾 △ 안의 수를 이용하여 덧셈식과 뺄셈식을 각각 2개씩 만드세요.

❶

500

325   175

325 + ☐ = ☐
175 + ☐ = ☐
500 − ☐ = 175
☐ − ☐ = 325

작은 두 수의 합이 가장 큰 수가 돼요.

❷

387

134   253

134 + ☐ = ☐
253 + ☐ = ☐
387 − ☐ = 253
☐ − ☐ = 134

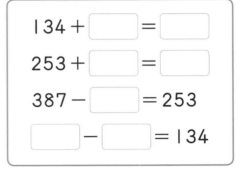

가장 큰 수에서 한 수를 빼면 남은 한 수가 돼요.

❸

271

152   119

152 + ☐ = ☐
119 + ☐ = ☐
271 − ☐ = 119
☐ − ☐ = 152

❹

640

426   214

426 + ☐ = ☐
214 + ☐ = ☐
640 − ☐ = 214
☐ − ☐ = 426

02 덧셈과 뺄셈의 관계로 완성하는 식

☆ 뺄셈식을 이용해 ▢ 안의 수 구하기

$? + 150 = 450$

$150 + ? = 450$

$450 - 150 = ?$ → $450 - 150 = 300$

450에서 150을 빼면 300이니까 ▢ 안의 수는 300이에요.

$450 - ? = 300$ → $450 - 300 = ?$ → $450 - 300 = 150$

450에서 300을 빼면 150이니까 ▢ 안의 수는 150이에요.

☆ 덧셈식을 이용해 ▢ 안의 수 구하기

$? - 150 = 300$

$150 + 300 = ?$ → $150 + 300 = 450$

$300 + 150 = ?$ → $300 + 150 = 450$

바빠 꿀팁!

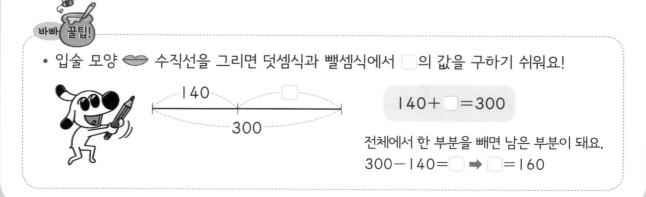

• 입술 모양 👄 수직선을 그리면 덧셈식과 뺄셈식에서 ▢의 값을 구하기 쉬워요!

$140 + ▢ = 300$

전체에서 한 부분을 빼면 남은 부분이 돼요.

$300 - 140 = ▢$ ➡ $▢ = 160$

19

🐾 ☐ 안에 알맞은 수를 써넣어 ?의 값을 구하세요.

1

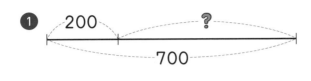

$200 + ? = 700$

➡ $700 - 200 = ?, ? = $ ☐

> 뺄셈식을 이용해
> 풀어 봐요.

2

200   ?   270   650

$? + 270 = 650$

➡ $650 - $ ☐ $ = ?, ? = $ ☐

3

132   ?   547

$132 + ? = 547$

➡ ☐ $ - 132 = ?, ? = $ ☐

4

145   323   ?

$? - 145 = 323$

➡ $145 + $ ☐ $ = ?, ? = $ ☐

> 덧셈식을 이용해
> 풀어 봐요.

5

250   ?   723

$723 - ? = 250$

➡ $723 - $ ☐ $ = ?, ? = $ ☐

> 다른 뺄셈식을
> 이용해요.

덧셈과 뺄셈의 관계를 이용하여
모르는 값을 맨 오른쪽으로 보내면 돼요.

🐾 ☐ 안에 알맞은 수를 써넣어 ❓의 값을 구하세요.

가장 큰 수

❶ $400 + ❓ = 600$

➡ $600 - 400 = ❓, ❓ = \boxed{}$

> 600이 가장 큰 수니까 600에서
> 400을 빼면 ❓의 값이 나와요.

❷ $❓ + 260 = 785$

➡ $785 - 260 = ❓, ❓ = \boxed{}$

❸ $140 + ❓ = 495$

➡ $495 - \boxed{} = ❓, ❓ = \boxed{}$

❹ $❓ + 423 = 576$

➡ $576 - \boxed{} = ❓, ❓ = \boxed{}$

❺ $137 + ❓ = 389$

➡ $\boxed{} - 137 = ❓, ❓ = \boxed{}$

❻ $❓ + 234 = 450$

➡ $\boxed{} - 234 = ❓, ❓ = \boxed{}$

❼ $385 + ❓ = 516$

➡ $\boxed{} - \boxed{} = ❓, ❓ = \boxed{}$

❽ $❓ + 175 = 762$

➡ $\boxed{} - \boxed{} = ❓, ❓ = \boxed{}$

❾ $563 + ❓ = 900$

➡ $\boxed{} - \boxed{} = ❓, ❓ = \boxed{}$

❿ $❓ + 629 = 834$

➡ $\boxed{} - \boxed{} = ❓, ❓ = \boxed{}$

덧셈과 뺄셈의 관계를 이용하여
?의 값을 구해 보세요.

🐾 ⬜ 안에 알맞은 수를 써넣어 **?**의 값을 구하세요.

가장 큰 수

❶ **?** − 300 = 450

➡ 450 + 300 = **?**, **?** = ⬜

> **?**가 가장 큰 수니까 작은 두 수를 더하면 **?**의 값이 나와요.

❷ 510 − **?** = 302

➡ 510 − 302 = **?**, **?** = ⬜

> 510이 가장 큰 수니까 510에서 302를 빼면 **?**의 값이 나와요.

❸ **?** − 124 = 363

➡ 363 + ⬜ = **?**, **?** = ⬜

❹ 576 − **?** = 254

➡ 576 − ⬜ = **?**, **?** = ⬜

❺ **?** − 347 = 452

➡ ⬜ + 347 = **?**, **?** = ⬜

❻ 408 − **?** = 175

➡ ⬜ − 175 = **?**, **?** = ⬜

❼ **?** − 384 = 253

➡ ⬜ + ⬜ = **?**, **?** = ⬜

❽ 832 − **?** = 326

➡ ⬜ − ⬜ = **?**, **?** = ⬜

❾ **?** − 459 = 423

➡ ⬜ + ⬜ = **?**, **?** = ⬜

❿ 912 − **?** = 648

➡ ⬜ − ⬜ = **?**, **?** = ⬜

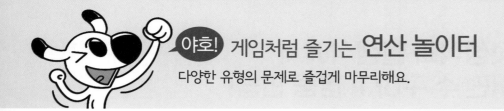

🐾 ◆의 값과 관계있는 것끼리 선으로 이어 보세요.

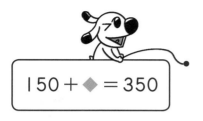

$150 + ◆ = 350$

$150 + 142$

292

$◆ + 230 = 364$

$350 - 150$

333

$◆ - 142 = 150$

$512 - 179$

200

$500 - ◆ = 364$

$364 - 230$

136

$179 + ◆ = 512$

$500 - 364$

134

03 덧셈식과 뺄셈식에서 어떤 수 구하기 집중 연습!

☆ ●에 알맞은 수 구하기

덧셈과 뺄셈 의 관계를 이용하여 ●의 값을 구합니다.

• 150+●=500에서 ●의 값 구하기

$$500-150=● ➡ ●=350$$

500이 가장 큰 수니까 500에서 150을 빼면 ●의 값이 나와요.

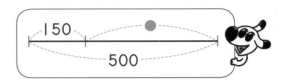

• ●-345=260에서 ●의 값 구하기

$$260+345=● ➡ ●=605$$

●가 가장 큰 수니까 260과 345를 더하면 ●의 값이 나와요.

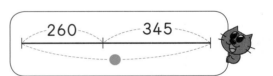

 꿀팁!

• 어떤 수에 더한 것은 빼고, 뺀 것은 더하는 '거꾸로 생각하기' 전략

□+100=300
➡ 300-100=□

'어떤 수에 100을 더하면 300이 된다.'를 계산 결과에서부터 거꾸로 생각하면 '300에서 100을 빼면 어떤 수가 된다.'예요.

□-200=400
➡ 400+200=□

'어떤 수에서 200을 빼면 400이 된다.'를 계산 결과에서부터 거꾸로 생각하면 '400에 200을 더하면 어떤 수가 된다.'예요.

🐾 ☐ 안에 알맞은 수를 써넣으세요.

❶ $400 + \boxed{} = 700$

> 400+☐=700
> 700−400=☐

❷ $\boxed{} + 240 = 670$

> ☐+240=670
> 670−240=☐

❸ $132 + \boxed{} = 456$

❹ $\boxed{} + 325 = 578$

❺ $437 + \boxed{} = 649$

❻ $\boxed{} + 480 = 753$

❼ $347 + \boxed{} = 875$

❽ $\boxed{} + 276 = 641$

❾ $576 + \boxed{} = 924$

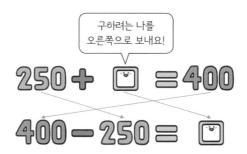

구하려는 나를 오른쪽으로 보내요!

$250 + \boxed{} = 400$

$400 - 250 = \boxed{}$

빼셈식을 덧셈식 또는 다른 빼셈식으로 나타내면 ☐ 안의 수를 구할 수 있어요.
☐ 안의 수를 구하기 힘들다면 아래와 같이 쉬운 수로 생각해 봐요!
☐$-6=2$ ➡ $2+6=$☐, ☐$=8$ $6-$☐$=2$ ➡ $6-2=$☐, ☐$=4$

🐾 ☐ 안에 알맞은 수를 써넣으세요.

❶ ☐$-600=200$

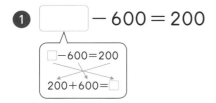

☐$-600=200$
$200+600=$☐

❷ $575-$☐$=340$

$575-$☐$=340$
$575-340=$☐

❸ ☐$-263=126$

❹ $649-$☐$=435$

❺ ☐$-382=516$

❻ $854-$☐$=329$

❼ ☐$-427=487$

❽ $736-$☐$=264$

❾ ☐$-579=298$

❿ $962-$☐$=679$

🐾 ☐ 안에 알맞은 수를 써넣으세요.

❶ ☐ +240=478

❷ ☐ −364=230

❸ 234+ ☐ =579

❹ 679− ☐ =348

❺ ☐ +327=694

❻ ☐ −286=432

❼ 597+ ☐ =735

❽ 842− ☐ =379

❾ ☐ +654=946

❿ ☐ −438=497

어떤 수에 더한 것은 빼고, 뺀 것은 더하면 돼요.
계산 결과에서부터 거꾸로 생각하는
'거꾸로 생각하기' 전략을 기억해요!

🐾 ☐ 안에 알맞은 수를 써넣으세요.

① $354 + \boxed{} = 476$

② $648 - \boxed{} = 214$

③ $\boxed{} + 429 = 738$

④ $\boxed{} - 263 = 382$

⑤ $657 + \boxed{} = 842$

⑥ $921 - \boxed{} = 476$

⑦ $\boxed{} + 339 = 953$

⑧ $\boxed{} - 158 = 784$

⑨ $549 + \boxed{} = 837$

잘하고 있어요!
☐ 안의 수를 구한 다음
답이 맞는지 확인까지 하면
완벽하겠죠?

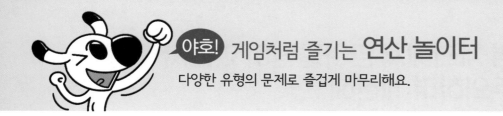

🐾 ❓의 값이 적힌 길을 따라가면 보물을 찾을 수 있어요. 빠독이가 가야 할 길을 표시해 보세요.

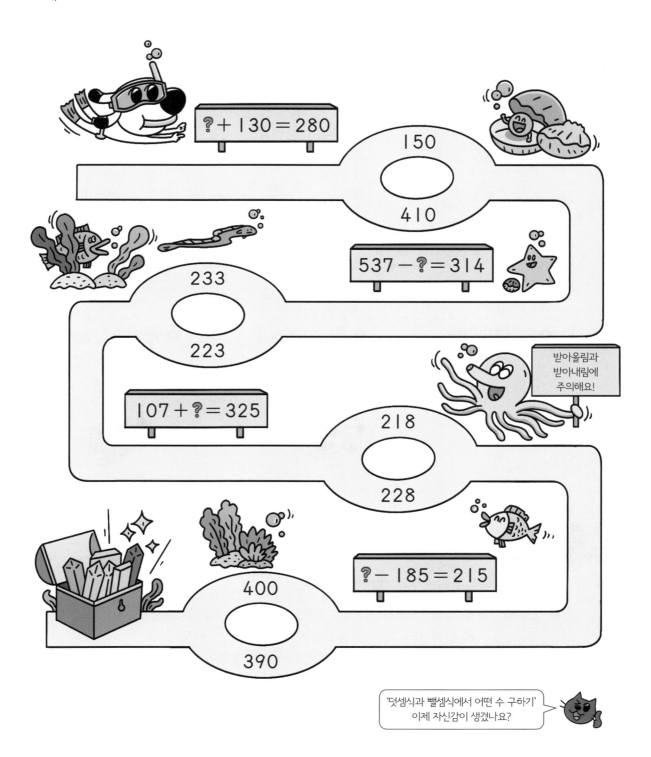

04 각 자리에서 받아올림이 있는지 주의하며 계산해

 각 자리에서 계산 결과가 더하는 수(더해지는 수)보다 작으면 받아올림 이 있습니다.

☆ 덧셈식에서 □ 안의 수 구하기

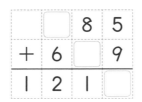

```
      □  8  5
  +   6  □  9
  ─────────────
   1  2  1  □
```

```
      □  8  5                □  8  5                5  8  5
  +   6  □  9    →       +   6  2  9   →       +   6  2  9
  ─────────────           ─────────────          ─────────────
   1  2  1  4             1  2  1  4             1  2  1  4
```

❶ 일의 자리 계산
$5+9=14$
➡ □$=4$

❷ 십의 자리 계산
$1+8+$□$=11$
➡ □$=2$

❸ 백의 자리 계산
$1+$□$+6=12$
➡ □$=5$

$1+8+$□ ➡ $9+$□에서
9보다 계산 결과 1이 더 작으므로
받아올림이 있어요.

$1+$□$+6$ ➡ □$+7$에서
7보다 계산 결과 2가 더 작으므로
받아올림이 있어요.

• 각 자리에서 받아올림이 있는지 확인하는 방법

```
     ❸ ❷ ❶
     □  5  □
  +  8  □  9
  ─────────────
   1  4  7  2
```

❶ 일의 자리 계산: □$+9\neq2$ ➡ 받아올림이 있으므로 □$+9=12$
❷ 십의 자리 계산: $1+5+$□$=7$ ➡ $6+$□$=7$
❸ 백의 자리 계산: □$+8\neq4$ ➡ 받아올림이 있으므로 □$+8=14$

➡ 더하는 수(더해지는 수)와 계산 결과의 같은 자리 수끼리 비교해 보면 받아올림이 있는지 없는지 알 수 있어요.

	2	5	7
+	2	3	6
	4	9	3

받아올림에 주의하며 일의 자리부터 차례로 계산해요.

🐾 ☐ 안에 알맞은 수를 써넣으세요.

①

```
   1  6  ☐
+  4  ☐  4
─────────
   5  9  8
```

②

```
   ☐  3  2
+  2  ☐  7
─────────
   6  7  9
```

받아올림이 없는 경우는 ☐ 안의 수를 구하기 쉬워요.

받아올림한 수를 작게 쓰고 계산해요!

③

```
   2  5  7
+  ☐  3  ☐
─────────
   4  9  3
```

일의 자리 계산에서 7보다 계산 결과 3이 더 작으므로 받아올림이 있어요.

④

```
   ☐  6  2
+  5  ☐  2
─────────
   8  0  4
```

⑤

```
   4  ☐  3
+  1  4  ☐
─────────
   6  2  9
```

⑥

```
   ☐  1  5
+  4  ☐  9
─────────
   7  3  ☐
```

⑦

```
   ☐  2  8
+  3  ☐  4
─────────
   8  7  ☐
```

⑧

```
   3  ☐  2
+  ☐  8  ☐
─────────
   9  7  5
```

⑨

```
   5  6  ☐
+  3  ☐  4
─────────
   ☐  9  1
```

⑩

```
   3  ☐  ☐
+  4  3  6
─────────
   ☐  4  4
```

⑪

```
   8  5  ☐
+  5  ☐  6
─────────
 1 ☐  2  9
```

받아올림이 있는지 없는지 헷갈리면 이것만 기억해요.
각 자리에서 계산 결과가 더하는 수(더해지는 수)보다 작으면 받아올림이 있어요.

🐾 ☐ 안에 알맞은 수를 써넣으세요.

①

```
    ☐ 3 6
+   1 5 ☐
─────────
    4 ☐ 9
```

②

```
    1 ☐ 6
+   4 8 2
─────────
    ☐ 5 ☐
```

```
      1
    1 7 6
+   4 8 2
─────────
  ☐ 5 8
```

받아올림한 수를
표시하면서 풀고 있죠?

③

```
    2 6 5
+   ☐ 2 7
─────────
    7 ☐ ☐
```

④

```
    4 ☐ ☐
+   3 7 2
─────────
    ☐ 5 9
```

⑤

```
    5 ☐ 6
+   ☐ 6 8
─────────
    9 9 ☐
```

⑥

```
    ☐ 2 9
+   2 8 5
─────────
    6 ☐ ☐
```

⑦

```
    1 7 6
+   8 ☐ 9
─────────
  ☐ ☐ 3 ☐
```

⑧

```
    3 6 ☐
+   9 4 7
─────────
  ☐ ☐ 3
```

⑨

```
    5 8 ☐
+   7 ☐ 6
─────────
  ☐ ☐ 4 2
```

⑩

```
    6 5 ☐
+   4 ☐ 4
─────────
  ☐ ☐ 0 3
```

⑪

```
    ☐ 7 ☐
+   5 ☐ 8
─────────
  ☐ 5 2 1
```

안의 수를 구한 다음 답이 맞는지 확인하면 실수를 줄일 수 있어요.

🐾 □ 안에 알맞은 수를 써넣으세요.

1
```
    2 1 □
+   3 □ 8
─────────
    □ 1 2
```

2
```
    1 □ 7
+   □ 4 6
─────────
    4 3 □
```

3
```
    4 □ 6
+   2 7 □
─────────
    □ 5 4
```

4
```
    □ □ 8
+   5 3 9
─────────
    9 0 □
```

5
```
    4 □ 6
+   3 6 □
─────────
    □ 4 2
```

6
```
    2 □ 5
+   7 5 □
─────────
  1 □ 0 2
```

7
```
    7 □ 3
+   □ 6 8
─────────
  1 2 2 □
```

8
```
    5 □ 9
+   □ 3 4
─────────
  1 2 0 □
```

9
```
    6 8 □
+   □ 4 9
─────────
  □ 5 □ 2
```

10
```
    8 □ 7
+   4 9 □
─────────
  □ □ 6 5
```

11
```
    □ 8 □
+   6 □ 7
─────────
  □ 4 4 3
```

받아올림한 바로 윗자리 수는 1이 커진다는 것을 기억해요!

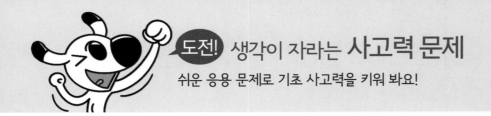

🐾 같은 모양은 같은 숫자를 나타냅니다. 각 모양에 알맞은 숫자를 구하세요.

①
■ ■ ■
+ ■ ■ ■
―――――
6 6 6

➡ ■ = ☐

②
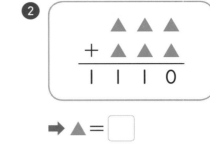
▲ ▲ ▲
+ ▲ ▲ ▲
―――――――
1 1 1 0

➡ ▲ = ☐

받아올림이 있으니까
▲+▲=10을
생각해요.

③
● ● ●
+ ● ● ●
―――――
1 5 5 4

➡ ● = ☐

④
★ ★ ★
+ ★ ★ ★
―――――
1 7 7 6

➡ ★ = ☐

⑤
◆ ◆ ◆
+ ◆ ◆ ◆
―――――
1 9 9 8

➡ ◆ = ☐

⑥
■ ■ ■
+ ▲ ▲ ▲
―――――――
▲ ▲ ▲ 0

➡ ■ = ☐ , ▲ = ☐

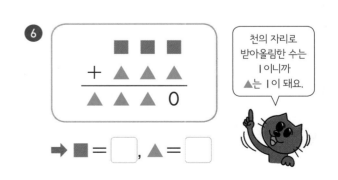
천의 자리로
받아올림한 수는
1이니까
▲는 1이 돼요.

34

05 각 자리에서 받아내림이 있는지 주의하며 계산해

 각 자리에서 계산 결과가 빼지는 수보다 크면 받아내림 이 있습니다.

☆ 뺄셈식에서 ☐ 안의 수 구하기

```
    ☐  4  3
  - 3  7  ☐
    2  ☐  5
```

```
        3  10
     ☐  4  3        ☐-1 13 10        ☐-1 13 10
   - 3  7  8     →    ☐  4  3     →    6  4  3
     2  ☐  5        - 3  7  8        - 3  7  8
                      2  6  5          2  6  5
```

❶ 일의 자리 계산

$10+3-☐=5$

➡ $☐=8$

❷ 십의 자리 계산

$13-7=☐$

➡ $☐=6$

❸ 백의 자리 계산

$☐-1-3=2$

➡ $☐=6$

빼지는 수 3보다 계산 결과 5가 더 크므로 받아내림이 있어요.

일의 자리로 받아내림하고 남은 수 3에서 7을 뺄 수 없으므로 백의 자리에서 10을 받아내림하여 계산해요.

 바빠 꿀팁!

• 각 자리에서 받아내림이 있는지 확인하는 방법

```
 ❸ ❷ ❶
  6  3  ☐
- 4  ☐  6
  ☐  8  7
```

❶ 일의 자리 계산: $☐-6=7$ ➡ 받아내림이 있으므로 $10+☐-6=7$
❷ 십의 자리 계산: $2-☐=8$ ➡ 받아내림이 있으므로 $12-☐=8$
❸ 백의 자리 계산: 십의 자리로 받아내림했으므로 $5-4=1$

➡ 빼지는 수와 계산 결과의 같은 자리 수끼리 비교해 보면 받아내림이 있는지 없는지 알 수 있어요.

받아내림에 주의하며 일의 자리부터 차례로 계산해요.

🐾 □ 안에 알맞은 수를 써넣으세요.

1
```
   3 9 7
 - 2 □ 3
 ─────
   1 5 □
```

2
```
   5 8 □
 - 1 □ 2
 ─────
   4 2 7
```

받아내림이 없는 경우는 □ 안의 수를 구하기 쉬워요.

받아내림한 수를 작게 쓰고 계산해요!

3
```
    7  10
   4 8 2
 - 3 □ □
 ─────
   1 4 7
```

일의 자리 계산에서 빼지는 수 2보다 계산 결과 7이 더 크므로 받아내림이 있어요.

4
```
   7 1 7
 - □ 2 3
 ─────
   2 9 □
```

5
```
   6 2 □
 - 2 5 6
 ─────
   □ □ 3
```

6
```
   7 4 9
 - 3 8 □
 ─────
   □ □ 2
```

7
```
   5 4 2
 - □ 3 □
 ─────
   3 □ 4
```

8
```
   7 3 □
 - 4 □ 4
 ─────
   □ 4 5
```

9
```
   9 □ 0
 - □ 3 □
 ─────
   5 2 2
```

10
```
   9 □ □
 - □ 4 5
 ─────
   6 2 7
```

11
```
   8 □ □
 - □ 5 8
 ─────
   4 0 9
```

받아내림이 있는지 없는지 헷갈리면 이것만 기억해요.
각 자리에서 계산 결과가 빼지는 수보다 크면 받아내림이 있어요.

🐾 ☐ 안에 알맞은 수를 써넣으세요.

❶
```
    □ 8 9
-   2 3 □
    4 □ 2
```

❷
```
    4 0 8
-   □ □ 5
    1 7 □
```

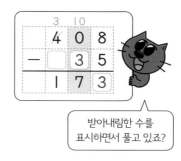

받아내림한 수를 표시하면서 풀고 있죠?

❸
```
    6 8 3
-   □ 7 5
    5 □ □
```

❹
```
    5 4 6
-   □ 9 □
    2 □ 2
```

❺
```
    □ 8 □
-   5 4 6
    2 □ 5
```

❻
```
    9 4 □
-   5 8 9
    □ □ 2
```

❼
```
    6 2 3
-   3 □ □
    □ 4 9
```

❽
```
    8 3 □
-   6 □ 3
    □ 8 7
```

❾
```
    □ 2 4
-   2 4 □
    4 □ 5
```

❿
```
    8 □ 0
-   □ 7 8
    5 8 □
```

⓫
```
    □ □ 3
-   2 5 □
    6 5 7
```

🐾 ☐ 안에 알맞은 수를 써넣으세요.

①
```
   ☐ 7 0
 -  2 ☐ 5
 ─────────
   3 4 ☐
```

②
```
   ☐ 1 3
 -  4 ☐ 6
 ─────────
   1 3 ☐
```

③
```
   ☐ 3 4
 -  3 ☐ 9
 ─────────
   4 7 ☐
```

④
```
   7 2 ☐
 -  4 ☐ 8
 ─────────
   ☐ 5 9
```

⑤
```
   6 4 ☐
 -  4 ☐ 2
 ─────────
   ☐ 9 8
```

⑥
```
   3 6 ☐
 -  1 ☐ 9
 ─────────
   ☐ 8 5
```

⑦
```
   ☐ 0 3
 -  7 ☐ 6
 ─────────
   1 5 ☐
```

⑧
```
   ☐ 6 5
 -  2 ☐ ☐
 ─────────
   5 6 7
```

⑨
```
   ☐ 3 2
 -  2 ☐ ☐
 ─────────
   2 6 8
```

⑩
```
   7 ☐ ☐
 -  ☐ 8 3
 ─────────
   3 2 9
```

⑪
```
   ☐ ☐ 2
 -  2 5 ☐
 ─────────
   6 7 5
```

받아내림한 바로 윗자리 수는 1이 작아진다는 것을 기억해요!

38

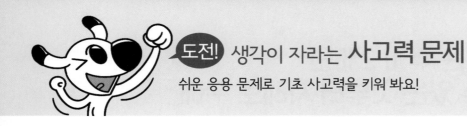

🐾 같은 모양은 같은 숫자를 나타냅니다. 각 모양에 알맞은 숫자를 구하세요. (단, ●는 ▲보다 큰 수입니다.)

1

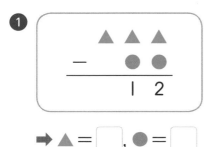

▲ ▲ ▲
−   ● ●
―――――――
   1 2

받아내림이 있으니까 백의 자리 계산에서 ▲−1＝0을 생각해요.

●가 ▲보다 큰 수니까 십의 자리, 백의 자리에서 받아내림이 있어요.

➡ ▲ ＝ ☐ , ● ＝ ☐

2

▲ ▲ ▲
−   ● ●
―――――――
 1 5 6

➡ ▲ ＝ ☐ , ● ＝ ☐

3

▲ ▲ ▲
−   ● ●
―――――――
 2 7 8

➡ ▲ ＝ ☐ , ● ＝ ☐

4

▲ ▲ ▲
−   ● ●
―――――――
 4 6 7

➡ ▲ ＝ ☐ , ● ＝ ☐

5

▲ ▲ ▲
−   ● ●
―――――――
 7 8 9

➡ ▲ ＝ ☐ , ● ＝ ☐

06 모르는 수가 2개면 알 수 있는 것부터 차례로 구해

☆ ●와 ▲에 알맞은 수 구하기

$$●+140=520$$
$$430+●=▲$$

1단계 모르는 수가 1 개인 식 먼저 계산합니다.

$$●+140=520$$
$$520-140=●$$
$$➡ ●=380$$

2단계 구한 수를 이용하여 나머지 수를 구합니다.

$$430+●=▲$$
$$430+380=▲$$
$$➡ ▲=810$$

●=380이므로
● 대신 380을 넣어요.

3단계 답이 맞는지 확인합니다.

$$380+140=520$$
$$430+380=810$$

어떤 수를 구한 다음
답이 맞는지 확인까지 하면
완벽하겠죠?

바빠 꿀팁!

• =(등호)를 기준으로 기호를 바꿔요.

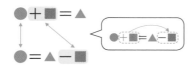

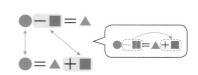

➡ =(등호)의 반대쪽으로 이동할 때, +■는 −■가 되고 −■는 +■가 돼요.

40

🐾 ●와 ▲에 알맞은 수를 각각 구하세요.

1

●＋150＝400 ⟵ 400－150＝●

132＋●＝▲

모르는 수가 1개인 덧셈식을
뺄셈식으로 나타내
●의 값을 먼저 구해 봐요.

●: _____ , ▲: _____

2

245＋●＝490

●＋324＝▲

●: _____ , ▲: _____

3

125＋●＝267

255－●＝▲

●: _____ , ▲: _____

4

●＋362＝590

654＋●＝▲

●: _____ , ▲: _____

5

306＋●＝423

475－●＝▲

●: _____ , ▲: _____

6

329＋●＝541

●＋572＝▲

●: _____ , ▲: _____

7

493＋●＝746

830－●＝▲

●: _____ , ▲: _____

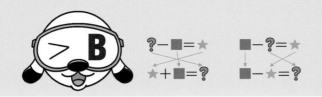

● 와 ▲에 알맞은 수를 각각 구하세요.

1
$$600 - ● = 350$$
$$780 - ● = ▲$$

$600 - 350 = ●$

모르는 수가 1개인 뺄셈식을
덧셈식 또는 다른 뺄셈식으로 나타내
●의 값을 먼저 구해 봐요.

● : _____ , ▲ : _____

2
$$497 - ● = 134$$
$$● - 251 = ▲$$

● : _____ , ▲ : _____

3
$$● - 265 = 213$$
$$320 + ● = ▲$$

● : _____ , ▲ : _____

4
$$● - 375 = 245$$
$$702 - ● = ▲$$

● : _____ , ▲ : _____

5
$$546 - ● = 352$$
$$● + 265 = ▲$$

● : _____ , ▲ : _____

6
$$● - 346 = 495$$
$$● - 684 = ▲$$

● : _____ , ▲ : _____

7
$$614 - ● = 328$$
$$426 + ● = ▲$$

● : _____ , ▲ : _____

🐾 ●와 ▲에 알맞은 수를 각각 구하세요.

1

$$400 + ● = 850$$
$$● + ▲ = 560$$

●: _____ , ▲: _____

2

$$● + 120 = 740$$
$$● - ▲ = 200$$

●: _____ , ▲: _____

3

$$567 - ● = 125$$
$$● - ▲ = 312$$

●: _____ , ▲: _____

4

$$● - 124 = 232$$
$$● + ▲ = 658$$

●: _____ , ▲: _____

5

$$348 + ● = 654$$
$$● + ▲ = 735$$

●: _____ , ▲: _____

6

$$● + 168 = 645$$
$$● - ▲ = 291$$

●: _____ , ▲: _____

7

$$734 - ● = 382$$
$$● - ▲ = 195$$

●: _____ , ▲: _____

8

$$● - 537 = 193$$
$$● + ▲ = 914$$

●: _____ , ▲: _____

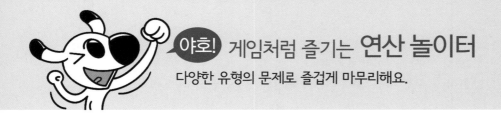

다양한 유형의 문제로 즐겁게 마무리해요.

🐾 노트북을 켜려면 비밀번호를 알아야 합니다. (비밀번호)의 힌트가 다음과 같을 때 모르는 두 기호의 값을 차례로 이어 쓰면 비밀번호입니다. 빈칸에 알맞은 수를 써넣으세요.

비밀번호　◆ ➡ 앞자리 숫자　★ ➡ 뒷자리 숫자

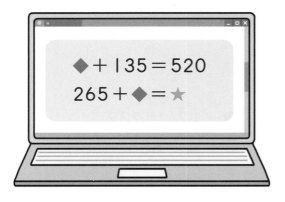

$$◆ + 135 = 520$$
$$265 + ◆ = ★$$

$$812 - ◆ = 247$$
$$◆ - 359 = ★$$

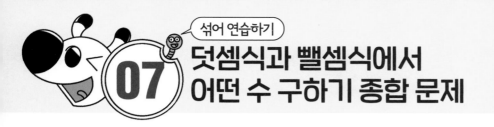

🐾 덧셈식은 뺄셈식 2개로, 뺄셈식은 덧셈식 2개로 나타내세요.

❶
$$215 + 354 = 569$$
$$569 - \boxed{} = 354$$
$$\boxed{} - \boxed{} = \boxed{}$$

❷
$$413 - 235 = 178$$
$$235 + \boxed{} = 413$$
$$\boxed{} + \boxed{} = \boxed{}$$

❸
$$325 + 547 = 872$$
$$872 - \boxed{} = 547$$
$$\boxed{} - \boxed{} = \boxed{}$$

❹
$$764 - 438 = 326$$
$$438 + \boxed{} = 764$$
$$\boxed{} + \boxed{} = \boxed{}$$

🐾 ☐ 안에 알맞은 수를 써넣어 ❓의 값을 구하세요.

❺ $236 + ❓ = 659$

➡ $659 - \boxed{} = ❓, ❓ = \boxed{}$

❻ $❓ - 412 = 376$

➡ $376 + \boxed{} = ❓, ❓ = \boxed{}$

❼ $❓ + 384 = 705$

➡ $\boxed{} - \boxed{} = ❓, ❓ = \boxed{}$

❽ $846 - ❓ = 673$

➡ $\boxed{} - \boxed{} = ❓, ❓ = \boxed{}$

🐾 ☐ 안에 알맞은 수를 써넣으세요.

❶ $263 + \boxed{} = 684$

❷ $\boxed{} - 357 = 341$

❸ $\boxed{} + 427 = 708$

❹ $542 - \boxed{} = 238$

❺ $453 + \boxed{} = 832$

❻ $\boxed{} - 574 = 327$

❼ $\boxed{} + 387 = 748$

❽ $652 - \boxed{} = 374$

❾ $596 + \boxed{} = 965$

❿ $\boxed{} - 738 = 189$

🐾 □ 안에 알맞은 수를 써넣으세요.

> 받아올림하거나 받아내림한 수를 작게 쓰고 계산해요!

1
$$\begin{array}{r} 3\ 5\ \square \\ +\ \square\ 3\ 7 \\ \hline 4\ \square\ 9 \end{array}$$

2
$$\begin{array}{r} \square\ 6\ 7 \\ +\ 2\ \square\ 8 \\ \hline 6\ 9\ \square \end{array}$$

3
$$\begin{array}{r} 6\ 8\ \square \\ +\ \square\ 6\ 9 \\ \hline 1\ 4\ \square\ 2 \end{array}$$

4
$$\begin{array}{r} 7\ \square\ 8 \\ -\ \square\ 5\ \square \\ \hline 3\ 4\ 6 \end{array}$$

5
$$\begin{array}{r} \square\ 4\ \square \\ -\ 4\ \square\ 7 \\ \hline 5\ 2\ 9 \end{array}$$

6
$$\begin{array}{r} 8\ 1\ 2 \\ -\ \square\ 9\ \square \\ \hline 4\ \square\ 7 \end{array}$$

🐾 ●와 ▲에 알맞은 수를 각각 구하세요.

7
$$340 + ● = 570$$
$$● + ▲ = 710$$

●: _____ , ▲: _____

8
$$● + 215 = 637$$
$$● - ▲ = 302$$

●: _____ , ▲: _____

9
$$846 - ● = 360$$
$$● - ▲ = 237$$

●: _____ , ▲: _____

10
$$● - 187 = 492$$
$$● + ▲ = 983$$

●: _____ , ▲: _____

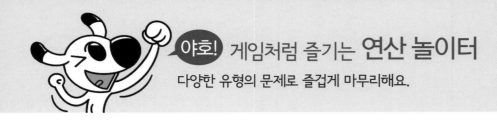

🐾 사다리 타기 놀이를 하고 있습니다. ☐ 안에 알맞은 수를 사다리로 연결된 고양이에게 써넣으세요.

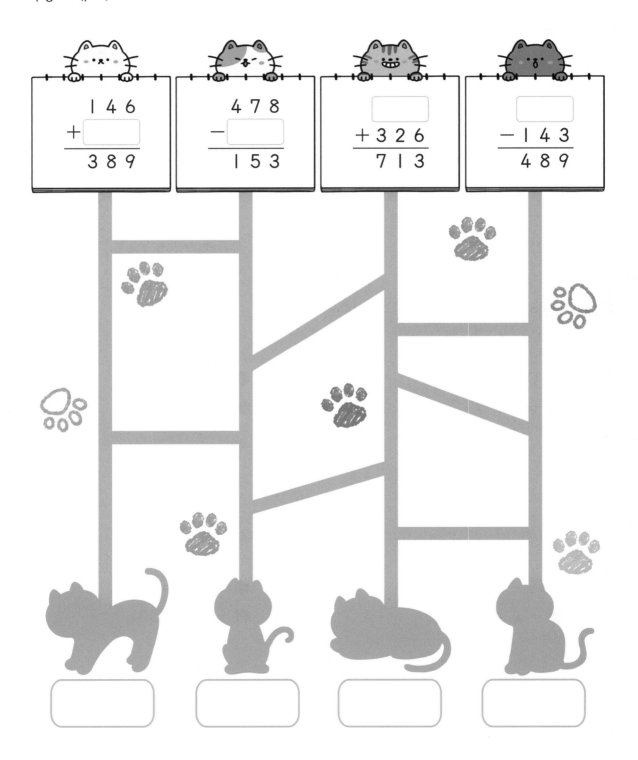

$$\begin{array}{r} 1\ 4\ 6 \\ +\ \boxed{} \\ \hline 3\ 8\ 9 \end{array}$$

$$\begin{array}{r} 4\ 7\ 8 \\ -\ \boxed{} \\ \hline 1\ 5\ 3 \end{array}$$

$$\begin{array}{r} \boxed{} \\ +\ 3\ 2\ 6 \\ \hline 7\ 1\ 3 \end{array}$$

$$\begin{array}{r} \boxed{} \\ -\ 1\ 4\ 3 \\ \hline 4\ 8\ 9 \end{array}$$

08 모르는 수를 □로 써서 덧셈식 또는 뺄셈식을 세워

☆ 어떤 수 구하기 문장제

> 구슬이 367개 있습니다. 이 중 215개를 덜어냈다가 몇 개를 다시 넣었더니 구슬이 260개가 되었습니다. 다시 넣은 구슬은 몇 개일까요?

1단계 문장을 /로 끊어 읽고 조건을 수와 연산 기호로 나타냅니다.

> 구슬이 367개 있습니다. / ➡ 367
>
> 이 중 215개를 덜어냈다가 / ➡ −215
>   −215
>
> 몇 개를 다시 넣었더니 / ➡ +□
>   +□
>
> 구슬이 260개가 되었습니다. / ➡ =260
>   =260
>
> 다시 넣은 구슬은 몇 개일까요?

2단계 하나의 식으로 나타냅니다.

$$367 \bigcirc{-} 215 \bigcirc \square \bigcirc 260$$

다시 넣은 구슬 수를 모르니까 □개라 하고 식으로 나타내면 돼요.

3단계 계산할 수 있는 부분을 먼저 계산하여 □ 안의 수를 구합니다.

$$367-215+\square=260$$

❶ 152
❷

$$152+\square=260, \quad 260-152=\square, \quad \square=108$$

➡ 다시 넣은 구슬 수: □ 개

답에 단위를 쓰는 것도 잊지 마요!

🐾 ☐를 사용하여 하나의 식으로 나타내어 답을 구하세요.

① 어떤 수에서 126을 뺐더니 230이 되었습니다. 어떤 수는 얼마일까요?

식 ☐ ◯ 126 ◯ 230

답 _____

• 어떤 수에서 ➡ ☐
• 126을 뺐더니 ➡ −126
• 230이 되었다 ➡ =230

어떤 수
☐−126=230

어떤 수를 ☐라 하는 게 핵심이에요.

② 342에 어떤 수를 더했더니 457이 되었습니다. 어떤 수는 얼마일까요?

식 _____

답 _____

③ 어떤 수에 324를 더했더니 764가 되었습니다. 어떤 수는 얼마일까요?

식 _____

답 _____

④ 682에서 어떤 수를 뺐더니 439가 되었습니다. 어떤 수는 얼마일까요?

식 _____

답 _____

🐾 □를 사용하여 하나의 식으로 나타내어 답을 구하세요.

❶ 귤이 368개 있습니다. 그중 몇 개를 먹었더니 귤이 136개 남았습니다. 먹은 귤은 몇 개일까요?

식 368 ◯ □ ◯ 136

답 _____ 개

단위를 꼭 써요!

• 귤이 368개 있다 ➡ 368
• 몇 개를 먹었더니 ➡ − □
• 136개 남았다 ➡ = 136

먹은 귤의 수를 모르니까 □개라 하고 식으로 나타내면 돼요.

❷ 학교 축제를 위해 음료수를 216병 준비했습니다. 오늘 몇 병 더 사 와서 408병이 되었다면 오늘 사 온 음료수는 몇 병일까요?

식 _____

답 _____

❸ 리본이 823 cm 있습니다. 은서가 선물을 포장하는 데 리본 몇 cm를 사용했더니 365 cm가 남았습니다. 은서가 사용한 리본의 길이는 몇 cm일까요?

식 _____

답 _____

세 수의 덧셈과 세 수의 뺄셈은 앞에서부터 차례로 계산해요.

🐾 □를 사용하여 하나의 식으로 나타내어 답을 구하세요.

❶ 학급 문고에 책이 548권 있습니다. 어제 132권을 빌려 가고, 오늘 몇 권을 빌려갔더니 책이 286권 남았습니다. 오늘 학급 문고에서 빌려간 책은 몇 권일까요?

식 548 ⊝ 132 ◯ □ ◯ 286
　　　①416
　　　　　②

답 ＿＿＿＿＿＿＿ 권

단위를 꼭 써요!

• 책이 548권 있다 ➡ 548
• 어제 132권을 빌려 가고
　➡ −132
• 오늘 몇 권을 빌려갔더니
　➡ −□
• 286권 남았다 ➡ ＝286

식으로 나타낸 다음 계산할 수 있는 부분을 먼저 계산해요.

❷ 유리병 안에 종이학이 135마리 있습니다. 빨간색 종이학 156마리와 파란색 종이학 몇 마리를 더 접어 넣었더니 340마리가 되었습니다. 더 접어 넣은 파란색 종이학은 몇 마리일까요?

식

답 ＿＿＿＿＿＿＿

❸ 놀이 공원에 입장하기 위해 346명이 줄을 서 있습니다. 1차로 128명이 입장하고, 2차로 몇 명이 더 입장했더니 줄을 서 있는 사람이 182명이 되었습니다. 2차로 입장한 사람은 몇 명일까요?

식

답 ＿＿＿＿＿＿＿

🐾 ☐를 사용하여 하나의 식으로 나타내어 답을 구하세요.

① 기차에 273명이 타고 있습니다. 이번 역에서 117명이 내리고, 몇 명이 더 타서 160명이 되었습니다. 이번 역에서 탄 사람은 몇 명일까요?

• 기차에 273명이 타고 있다
 ➡ 273
• 117명이 내리고 ➡ −117
• 몇 명이 더 타서 ➡ +☐
• 160명이 되었다 ➡ =160

식 273 ◯− 117 ◯ ☐ ◯ 160
  ① 156
      ②

내린 사람은 빼고, 탄 사람은 더해요!

답 _____

② 운동장에 학생들이 428명 있습니다. 167명이 운동장으로 더 들어오고, 몇 명이 빠져나갔더니 335명이 되었습니다. 운동장을 빠져나간 학생은 몇 명일까요?

식 _____

답 _____

③ 상자에 구슬이 352개 들어 있습니다. 그중 185개를 덜어 냈다가 몇 개를 다시 넣었더니 236개가 되었습니다. 다시 넣은 구슬은 몇 개일까요?

식 _____

답 _____

바르게 계산한 값을 구하려면 식을 두 번 세워야 해요.
어떤 수를 ☐라 하고 잘못된 식을 세워 어떤 수를 구한 다음
바른 식을 세워 값을 구해요.

🐾 ☐를 사용하여 하나의 식으로 나타내어 답을 구하세요.

[문제 푸는 순서]

☐를 사용하여
잘못된 식 세우기

↓

어떤 수 구하기

↓

바르게 계산한 값 구하기

❶ 349에서 어떤 수를 빼야 할 것을 잘못하여 더했더니 564가
되었습니다. 바르게 계산한 값은 얼마일까요?

잘못된 식   349 ◯ ☐ ◯ 564

바른 식   349 ◯ ▢ ◯ ▢

잘못된 식에서 구한
어떤 수의 값을 써요.

답 _____

❷ 어떤 수에 287을 더해야 할 것을 잘못하여 뺐더니 293이
되었습니다. 바르게 계산한 값은 얼마일까요?

잘못된 식 _____

바른 식 _____

답 _____

어떤 수만 구하고
멈추면 안 되겠죠?
바르게 계산한 값까지
구해야 해요.

❸ 674에 어떤 수를 더해야 할 것을 잘못하여 뺐더니 438이
되었습니다. 바르게 계산한 값은 얼마일까요?

잘못된 식 _____

바른 식 _____

답 _____

첫째 마당까지
다 풀다니~
정말 멋져요!

둘째 마당

곱셈식과 나눗셈식에서 어떤 수 구하기

곱셈식과 나눗셈식에서 어떤 수 구하기는 '곱셈과 나눗셈의 관계'를 잘 알아도 계산 과정에서 실수가 나오는 경우가 많으니 정확하게 푸는 연습을 해 보세요. 이제 집중해서 연습해 볼까요?

	공부할 내용!	완료	10일 진도	20일 진도
09	곱셈과 나눗셈도 아주 친한 관계!	☐		9일차
10	곱셈과 나눗셈의 관계로 완성하는 식	☐	5일차	10일차
11	곱셈식과 나눗셈식에서 어떤 수 구하기 집중 연습!	☐		11일차
12	곱의 일의 자리 숫자를 이용해 곱한 수를 찾아	☐	6일차	12일차
13	몫과 나머지를 바르게 구했는지 확인하는 계산을 이용해	☐		13일차
14	모르는 수가 2개면 알 수 있는 것부터 차례로 구해	☐	7일차	14일차
15	곱셈식과 나눗셈식에서 어떤 수 구하기 종합 문제	☐		15일차
16	모르는 수를 ☐로 써서 곱셈식 또는 나눗셈식을 세워	☐	8일차	16일차

곱셈식 $4 \times 3 = 12$, $3 \times 4 = 12$
4개씩 3묶음은 12개   3개씩 4묶음은 12개

나눗셈식 $12 \div 4 = 3$, $12 \div 3 = 4$
12개를 4개씩   12개를 3개씩
묶으면 3묶음   묶으면 4묶음

☆ 곱셈식을 나눗셈식 2개로 나타내기

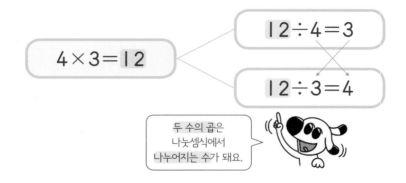

$4 \times 3 = 12$

$12 \div 4 = 3$

$12 \div 3 = 4$

두 수의 곱은
나눗셈식에서
나누어지는 수가 돼요.

☆ 나눗셈식을 곱셈식 2개로 나타내기

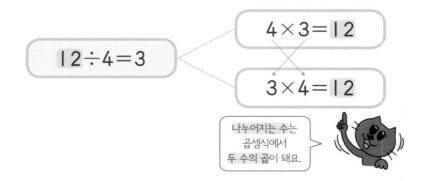

$12 \div 4 = 3$

$4 \times 3 = 12$

$3 \times 4 = 12$

나누어지는 수는
곱셈식에서
두 수의 곱이 돼요.

바빠 꿀팁!

• 곱셈에서는 곱하는 두 수의 순서를 바꾸어도 그 곱은 항상 같아요.

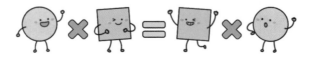

🐾 그림을 보고 알맞은 곱셈식 2개와 나눗셈식 2개를 쓰세요.

1

몇 개씩 몇 묶음인지
직접 묶어 봐요!

$5 \times \boxed{} = \boxed{}$

$3 \times \boxed{} = \boxed{}$

$15 \div \boxed{} = 3$

$\boxed{} \div \boxed{} = 5$

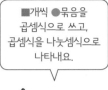

■개씩 ●묶음을
곱셈식으로 쓰고,
곱셈식을 나눗셈식으로
나타내요.

2

$7 \times \boxed{} = \boxed{}$

$\boxed{} \times \boxed{} = \boxed{}$

$35 \div \boxed{} = 5$

$\boxed{} \div \boxed{} = \boxed{}$

3

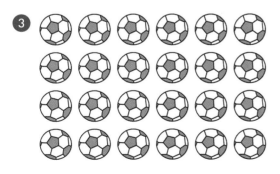

$6 \times \boxed{} = \boxed{}$

$\boxed{} \times \boxed{} = \boxed{}$

$\boxed{} \div 6 = \boxed{}$

$\boxed{} \div \boxed{} = \boxed{}$

$\triangle \times \bullet = \blacksquare$

$\blacksquare \div \triangle = \bullet$

$\blacksquare \div \bullet = \triangle$

곱셈식은 곱에서 한 수를 나누는
나눗셈식 2개로 나타낼 수 있어요.

🐾 곱셈식을 나눗셈식 2개로 나타내세요.

먼저 두 수의 곱을
찾아 ○표 해 봐요!

1 두 수의 곱
$2 \times 6 = 12$

$12 \div \boxed{} = 6$

$\boxed{} \div \boxed{} = \boxed{}$

2 $9 \times 3 = 27$

$27 \div \boxed{} = 3$

$\boxed{} \div \boxed{} = \boxed{}$

3 $4 \times 7 = 28$

$\boxed{} \div 4 = \boxed{}$

$\boxed{} \div \boxed{} = \boxed{}$

4 $8 \times 4 = 32$

$\boxed{} \div 8 = \boxed{}$

$\boxed{} \div \boxed{} = \boxed{}$

5 $6 \times 9 = 54$

$\boxed{} \div \boxed{} = \boxed{}$

$\boxed{} \div 9 = \boxed{}$

6 $7 \times 8 = 56$

$\boxed{} \div \boxed{} = \boxed{}$

$\boxed{} \div 8 = \boxed{}$

7 $12 \times 4 = 48$

$\boxed{} \div \boxed{} = \boxed{}$

$\boxed{} \div 4 = \boxed{}$

8 $5 \times 14 = 70$

$\boxed{} \div \boxed{} = \boxed{}$

$\boxed{} \div 14 = \boxed{}$

$■ ÷ ▲ = ●$

$▲ × ● = ■$

$● × ▲ = ■$

나눗셈식은 나누어지는 수가 곱이 되는
곱셈식 2개로 나타낼 수 있어요.

🐾 나눗셈식을 곱셈식 2개로 나타내세요.

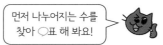

먼저 나누어지는 수를
찾아 ○표 해 봐요!

나누어지는 수

①
$16 ÷ 2 = 8$

$2 × \boxed{} = 16$

$\boxed{} × \boxed{} = \boxed{}$

②
$21 ÷ 3 = 7$

$3 × \boxed{} = 21$

$\boxed{} × \boxed{} = \boxed{}$

③
$24 ÷ 4 = 6$

$\boxed{} × 6 = \boxed{}$

$\boxed{} × \boxed{} = \boxed{}$

④
$36 ÷ 9 = 4$

$\boxed{} × 4 = \boxed{}$

$\boxed{} × \boxed{} = \boxed{}$

⑤
$45 ÷ 5 = 9$

$\boxed{} × \boxed{} = \boxed{}$

$\boxed{} × 5 = \boxed{}$

⑥
$48 ÷ 6 = 8$

$\boxed{} × \boxed{} = \boxed{}$

$\boxed{} × 6 = \boxed{}$

⑦
$54 ÷ 3 = 18$

$\boxed{} × \boxed{} = \boxed{}$

$\boxed{} × 3 = \boxed{}$

⑧
$72 ÷ 12 = 6$

$\boxed{} × \boxed{} = \boxed{}$

$\boxed{} × 12 = \boxed{}$

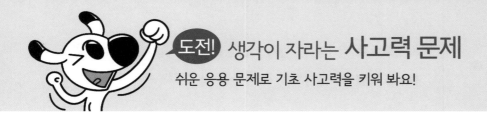

도전! 생각이 자라는 **사고력 문제**
쉬운 응용 문제로 기초 사고력을 키워 봐요!

🐾 △ 안의 수를 이용하여 곱셈식과 나눗셈식을 각각 2개씩 만드세요.

①

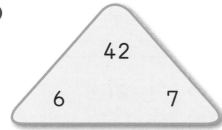

42

6   7

$6 \times \square = \square$

$7 \times \square = \square$

$42 \div \square = 7$

$\square \div \square = 6$

작은 두 수의 곱이
큰 수가 돼요.

②

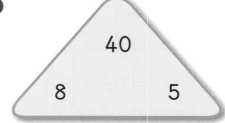

40

8   5

$8 \times \square = \square$

$5 \times \square = \square$

$40 \div \square = 5$

$\square \div \square = 8$

큰 수에서 한 수를 나누면
남은 한 수가 돼요.

③

72

9   8

$9 \times \square = \square$

$8 \times \square = \square$

$72 \div \square = 8$

$\square \div \square = \square$

④

64

4   16

$4 \times \square = \square$

$16 \times \square = \square$

$64 \div \square = 16$

$\square \div \square = \square$

10 곱셈과 나눗셈의 관계로 완성하는 식

☆ 나눗셈식을 이용해 ☐ 안의 수 구하기

☆ 곱셈식을 이용해 ☐ 안의 수 구하기

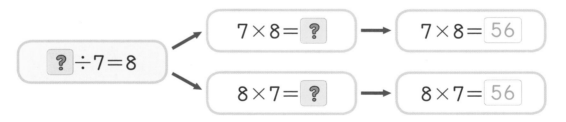

• 무당벌레 모양 🐞을 그리면 곱셈식과 나눗셈식에서 ☐의 값을 구하기 쉬워요!

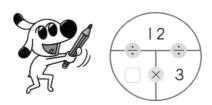

❶ 아래 두 수를 곱하면 위의 수가 돼요.
☐×3=12 ➡ 12÷3=☐, ☐=4
❷ 위의 수를 아래의 한 수로 나누면 남은 수가 돼요.
12÷☐=3 ➡ 12÷3=☐, ☐=4

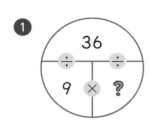안에 알맞은 수를 써넣어 ❓의 값을 구하세요.

❶
$$9 \times ❓ = 36$$
➡ $36 \div 9 = ❓$, $❓ = \boxed{}$

나눗셈식을 이용해
풀어 봐요.

❷
$$❓ \times 6 = 72$$
➡ $72 \div \boxed{} = ❓$, $❓ = \boxed{}$

❸
$$15 \times ❓ = 120$$
➡ $\boxed{} \div 15 = ❓$, $❓ = \boxed{}$

❹
$$❓ \div 13 = 7$$
➡ $13 \times \boxed{} = ❓$, $❓ = \boxed{}$

곱셈식을 이용해
풀어 봐요.

❺
$$275 \div ❓ = 11$$
➡ $\boxed{} \div 11 = ❓$, $❓ = \boxed{}$

다른 나눗셈식을
이용해요.

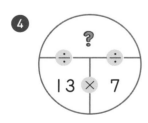

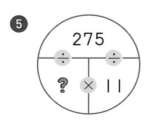

🐾 ☐ 안에 알맞은 수를 써넣어 ❓의 값을 구하세요.

두 수의 곱

❶ $8 \times ? = 72$

➡ $72 \div 8 = ?, ? = $ ☐

두 수의 곱 72를 8로
나누면 ❓의 값이 나와요.

❷ $? \times 4 = 64$

➡ $64 \div 4 = ?, ? = $ ☐

❸ $7 \times ? = 84$

➡ $84 \div $ ☐ $ = ?, ? = $ ☐

❹ $? \times 9 = 126$

➡ $126 \div $ ☐ $ = ?, ? = $ ☐

❺ $15 \times ? = 135$

➡ ☐ $ \div 15 = ?, ? = $ ☐

❻ $? \times 14 = 112$

➡ ☐ $ \div 14 = ?, ? = $ ☐

❼ $12 \times ? = 228$

➡ ☐ $ \div $ ☐ $ = ?, ? = $ ☐

❽ $? \times 25 = 325$

➡ ☐ $ \div $ ☐ $ = ?, ? = $ ☐

❾ $34 \times ? = 510$

➡ ☐ $ \div $ ☐ $ = ?, ? = $ ☐

❿ $? \times 41 = 738$

➡ ☐ $ \div $ ☐ $ = ?, ? = $ ☐

곱셈과 나눗셈의 관계를 이용하여
?의 값을 구해 보세요.

🐾 ☐ 안에 알맞은 수를 써넣어 ?의 값을 구하세요.

나누어지는 수
① ? ÷ 6 = 9

➡ 6 × 9 = ?, ? = ☐

나누는 수와 몫을 곱하면
나누어지는 수 ?의 값이 나와요.

② 56 ÷ ? = 7

➡ 56 ÷ 7 = ?, ? = ☐

나누어지는 수를 몫으로 나누면
나누는 수 ?의 값이 나와요.

③ ? ÷ 8 = 12

➡ 8 × ☐ = ?, ? = ☐

④ 81 ÷ ? = 27

➡ 81 ÷ ☐ = ?, ? = ☐

⑤ ? ÷ 18 = 30

➡ ☐ × 30 = ?, ? = ☐

⑥ 120 ÷ ? = 5

➡ ☐ ÷ 5 = ?, ? = ☐

⑦ ? ÷ 16 = 41

➡ ☐ × ☐ = ?, ? = ☐

⑧ 483 ÷ ? = 23

➡ ☐ ÷ ☐ = ?, ? = ☐

⑨ ? ÷ 25 = 29

➡ ☐ × ☐ = ?, ? = ☐

⑩ 595 ÷ ? = 35

➡ ☐ ÷ ☐ = ?, ? = ☐

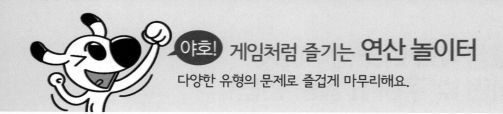

🐾 ◆의 값과 관계있는 것끼리 선으로 이어 보세요.

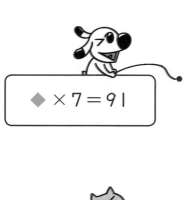

◆ × 7 = 91

17 × 9

13

16 × ◆ = 64

91 ÷ 7

7

◆ ÷ 17 = 9

105 ÷ 15

153

375 ÷ ◆ = 25

64 ÷ 16

15

◆ × 15 = 105

375 ÷ 25

4

11 곱셈식과 나눗셈식에서 어떤 수 구하기 집중 연습!

☆ ●에 알맞은 수 구하기

곱셈과 나눗셈 의 관계를 이용하여 ●의 값을 구합니다.

- $16 \times ● = 80$에서 ●의 값 구하기

$$16 \times ● = 80$$

$$80 \div 16 = ● \Rightarrow ● = 5$$

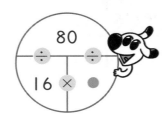

- $300 \div ● = 25$에서 ●의 값 구하기

$$300 \div ● = 25$$

$$300 \div 25 = ● \Rightarrow ● = 12$$

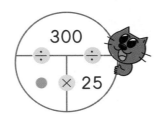

- $● \div 15 = 27$에서 ●의 값 구하기

$$● \div 15 = 27$$

$$15 \times 27 = ● \Rightarrow ● = 405$$

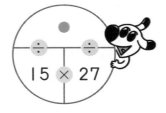

 바빠 꿀팁!

- 어떤 수에 곱한 것은 나누고, 나눈 것은 곱하는 '거꾸로 생각하기' 전략

$$\boxed{} \times 3 = 12$$
$$\Rightarrow 12 \div 3 = \boxed{}$$

'어떤 수에 3을 곱하면 12가 된다.'를 계산 결과에서부터 거꾸로 생각하면 '12를 3으로 나누면 어떤 수가 된다.'예요.

$$\boxed{} \div 5 = 30$$
$$\Rightarrow 30 \times 5 = \boxed{}$$

'어떤 수를 5로 나누면 30이 된다.'를 계산 결과에서부터 거꾸로 생각하면 '30에 5를 곱하면 어떤 수가 된다.'예요.

🐾 ⬜ 안에 알맞은 수를 써넣으세요.

1 $9 \times ⬜ = 63$

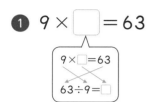

2 $⬜ \times 5 = 85$

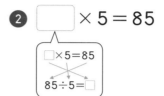

3 $8 \times ⬜ = 112$

4 $⬜ \times 7 = 126$

5 $12 \times ⬜ = 204$

6 $⬜ \times 15 = 645$

7 $25 \times ⬜ = 850$

8 $⬜ \times 36 = 900$

9 $13 \times ⬜ = 793$

구하려는 나를 오른쪽으로 보내요!

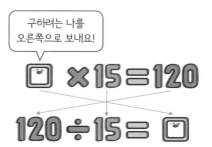

67

나눗셈식을 곱셈식 또는 다른 나눗셈식으로 나타내면 ⬜ 안의 수를 구할 수 있어요.
⬜ 안의 수를 구하기 힘들다면 아래와 같이 쉬운 수로 생각해 봐요!
⬜ ÷ 2 = 6 ➡ 2 × 6 = ⬜, ⬜ = 12   6 ÷ ⬜ = 2 ➡ 6 ÷ 2 = ⬜, ⬜ = 3

🐾 ⬜ 안에 알맞은 수를 써넣으세요.

❶ $\boxed{} \div 8 = 6$

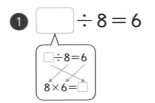

❷ $72 \div \boxed{} = 3$

❸ $\boxed{} \div 9 = 15$

❹ $105 \div \boxed{} = 21$

❺ $\boxed{} \div 18 = 7$

❻ $253 \div \boxed{} = 23$

❼ $\boxed{} \div 35 = 14$

❽ $546 \div \boxed{} = 42$

❾ $\boxed{} \div 25 = 28$

❿ $864 \div \boxed{} = 36$

🐾 □ 안에 알맞은 수를 써넣으세요.

❶ □ × 16 = 128

❷ □ ÷ 13 = 14

❸ 9 × □ = 243

❹ 203 ÷ □ = 29

❺ □ × 13 = 312

❻ □ ÷ 16 = 25

❼ 28 × □ = 420

❽ 567 ÷ □ = 27

❾ □ × 39 = 663

❿ □ ÷ 35 = 24

어떤 수에 곱한 것은 나누고, 나눈 것은 곱하면 돼요.
계산 결과에서부터 거꾸로 생각하는
'거꾸로 생각하기' 전략을 기억해요!

🐾 ⬜ 안에 알맞은 수를 써넣으세요.

① ⬜ × 24 = 432

② ⬜ ÷ 17 = 24

③ 36 × ⬜ = 828

④ 602 ÷ ⬜ = 43

⑤ ⬜ × 19 = 855

⑥ ⬜ ÷ 28 = 27

⑦ 56 × ⬜ = 784

⑧ 864 ÷ ⬜ = 36

⑨ ⬜ × 34 = 952

잘하고 있어요!
⬜ 안의 수를 구한 다음
답이 맞는지 확인까지 하면
완벽하겠죠?

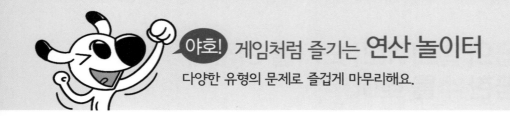

야호! 게임처럼 즐기는 **연산 놀이터**
다양한 유형의 문제로 즐겁게 마무리해요.

🐾 ❓의 값이 적힌 길을 따라가면 보물을 찾을 수 있어요. 빠독이가 가야 할 길을 표시해 보세요.

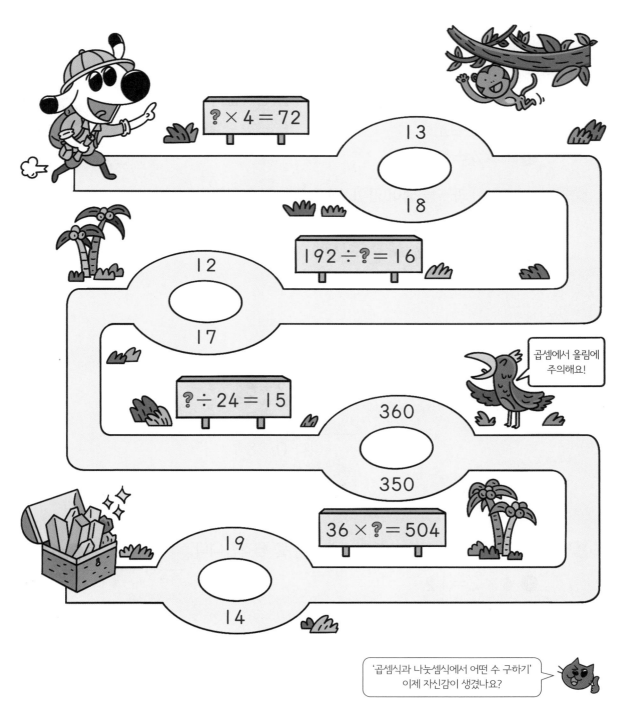

12 곱의 일의 자리 숫자를 이용해 곱한 수를 찾아

☆ 곱셈식에서 ☐ 안의 수 구하기 1

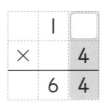

		1	☐
	×		4
		6	4

1단계 ☐×4의 일의 자리 숫자가 4인 경우를 생각합니다.

4의 단 곱셈구구를 떠올려 봐요.

❶ 1×4=4
❷ 6×4=24

2단계 ☐ 안에 1과 6을 넣어 곱이 64가 맞는지 확인합니다.

❶ 11×4=44
❷ 16×4=64 ➡ ☐=6

☆ 곱셈식에서 ☐ 안의 수 구하기 2

		3	6
	×	☐	3
	1	0	8
2	5	2	0
2	6	2	8

1단계 6×☐의 일의 자리 숫자가 2인 경우를 생각합니다.

6의 단 곱셈구구를 떠올려 봐요.

❶ 6×2=12
❷ 6×7=42

2단계 ☐ 안에 2와 7을 넣어 36×☐의 값이 252가 맞는지 확인합니다.

❶ 36×2=72
❷ 36×7=252 ➡ ☐=7

일의 자리에서 올림이 있으면 올림한 수를 십의 자리 계산에 꼭 더해야 해요.

십의 자리 계산: 8+1=9

✿ □ 안에 알맞은 수를 써넣으세요.

❶
```
    3 □
  ×   2
    6 8
```
□×2의 일의 자리 숫자가 8인 경우를 생각해요.

❷

```
    □ 1
  ×   5
  3 5 5
```
1×5=5에서 올림이 없으므로 □×5=35인 경우를 생각해요.

❸
```
    5 2
  ×   □
  1 5 6
```

❹
```
    □ 3
  ×   3
  □ 4 9
```

❺
```
    4 □
  ×   7
  2 □ 7
```

❻
```
    9 □
  ×   4
  □ 6 8
```

올림한 수를 작게 쓰고 계산해요!

❼
```
    2 □
  ×   4
  9 2
```
(²)

십의 자리 계산에서 2×4=8보다 계산 결과 9가 더 크므로 올림이 있어요.

❽
```
    □ 9
  ×   2
    7 8
```

❾
```
    □ 7
  ×   5
  1 3 □
```

❿
```
    6 □
  ×   7
  □ 4 8
```

⓫
```
    3 6
  ×   □
  □ 0 8
```

⓬
```
    □ 9
  ×   8
  3 9 □
```

🐾 ☐ 안에 알맞은 수를 써넣으세요.

❶
```
    1 ☐ 2
  ×     ☐
  ─────────
    3 9 6
```

❷
```
    ☐ 2 9
  ×     3
  ─────────
    9 8 ☐
```

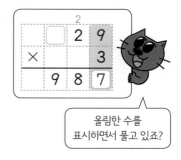

올림한 수를
표시하면서 풀고 있죠?

❸
```
    ☐ 1 6
  ×     5
  ─────────
    2 0 8 ☐
```

❹
```
    4 8 ☐
  ×     4
  ─────────
    1 ☐ 2 8
```

❺
```
    5 0 8
  ×     ☐
  ─────────
    ☐ 0 4 8
```

❻
```
    2 7 ☐
  ×     3
  ─────────
    ☐ 3 1
```

❼
```
    ☐ 6 3
  ×     ☐
  ─────────
    9 7 8
```

❽
```
    4 ☐ 7
  ×     8
  ─────────
    3 4 9 ☐
```

❾
```
    ☐ 2 6
  ×     9
  ─────────
    6 5 3 ☐
```

❿
```
    3 2 ☐
  ×     6
  ─────────
    ☐ 9 6 8
```

⓫
```
    3 5 4
  ×     ☐
  ─────────
    ☐ ☐ 1 6
```

🐾 ☐ 안에 알맞은 수를 써넣으세요.

☐ 안의 수를 구한 다음 답이 맞는지 확인까지 하면 정말 최고!

①
```
    4 ☐
  × 1 2
  ------
    9 6
  4 8 0
  ------
  5 ☐ 6
```

②
```
  ☐ 5
× 3 2
------
  3 0
4 5 0
------
☐☐  0
```

③
```
    2 ☐
  × ☐ 3
  ------
    7 8
  5 2 0
  ------
  5 9 8
```

④
```
    3 4
  × 2 ☐
  ------
  1 7 0
  6 8 0
  ------
  ☐ 5 0
```

⑤
```
    ☐ 7
  × 1 6
  ------
  2 8 ☐
  4 7 0
  ------
  7 5 ☐
```

⑥
```
    ☐ 8
  × ☐ 4
  ------
  1 1 2
  8 4 0
  ------
  9 5 2
```

⑦
```
      5 ☐
    × 7 3
    --------
    1 7 7
  4 1 ☐ 0
  --------
  4 ☐ ☐ 7
```

⑧
```
      ☐ 5
    × ☐ 8
    --------
    3 6 0
  1 3 5 0
  --------
  1 ☐ ☐ 0
```

⑨
```
      6 ☐
    × ☐ 4
    --------
    2 4 8
  3 1 0 0
  --------
  ☐ ☐ 4 8
```

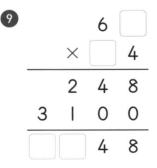

안에 알맞은 수를 써넣으세요.

①
```
      1 5 7
   ×   □ 5
   ─────────
      7 8 □
   □ 2 8 0
   ─────────
   □ 0 6 5
```

②
```
      1 2 □
   ×   □ 4
   ─────────
      5 1 2
    3 8 4 0
   ─────────
   □ □ 5 2
```

③
```
      5 6 □
   ×   □ 7
   ─────────
      3 9 4 1
    1 □ 8 9 0
   ─────────
    2 0 □ 3 1
```

④
```
      □ 3 9
   ×   □ 4
   ─────────
      2 1 5 □
    3 2 3 4 0
   ─────────
    3 4 4 9 □
```

⑤
```
      5 2 □
   ×   □ 7
   ─────────
      3 6 9 6
    2 6 4 0 0
   ─────────
   □ □ 0 9 6
```

⑥
```
      □ 5 7
   ×   □ 3
   ─────────
      1 3 7 1
    3 6 □ 6 0
   ─────────
    3 7 □ 3 1
```

🐾 같은 모양은 같은 숫자를 나타냅니다. 각 모양에 알맞은 숫자를 구하세요.

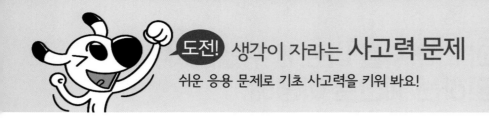

❶

$$
\begin{array}{r}
\blacktriangle\ 1 \\
\times\quad \blacktriangle \\
\hline
2\ \blacktriangle\ \blacktriangle
\end{array}
$$

십의 자리 계산에서 ▲×▲가 이십몇인 수를 생각해요.

➡ ▲ = ☐

❷

$$
\begin{array}{r}
\blacklozenge\ 1 \\
\times\quad \blacklozenge \\
\hline
3\ \blacklozenge\ \blacklozenge
\end{array}
$$

➡ ◆ = ☐

❸

$$
\begin{array}{r}
\bullet\ 1\ \bullet \\
\times\quad\ \bullet \\
\hline
2\ \bullet\ 7\ \bullet
\end{array}
$$

➡ ● = ☐

❹

$$
\begin{array}{r}
\blacksquare\ 1\ \blacksquare \\
\times\quad\ \blacksquare \\
\hline
3\ \blacksquare\ 9\ \blacksquare
\end{array}
$$

➡ ■ = ☐

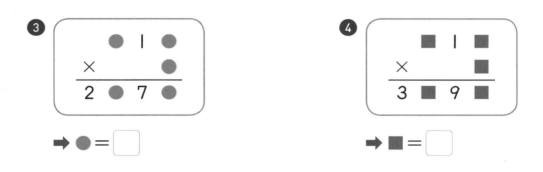

❺

$$
\begin{array}{r}
1\ \bigstar \\
\times\ 1\ \bigstar \\
\hline
7\ \bigstar \\
1\ \bigstar\ 0 \\
\hline
2\ 2\ \bigstar
\end{array}
$$

덧셈 과정에서 7+★=12를 생각해요.

➡ ★ = ☐

❻

$$
\begin{array}{r}
1\ \bullet\ 1 \\
\times\ \bullet\ 1 \\
\hline
1\ \bullet\ 1 \\
\bullet\ 4\ \bullet\ 0 \\
\hline
\bullet\ 5\ 4\ 1
\end{array}
$$

➡ ● = ☐

몫과 나머지를 바르게 구했는지 확인하는 계산을 이용해

☆ 나머지가 있는 나눗셈식에서 ●에 알맞은 수 구하기

나누는 수와 │몫│의 곱에 │나머지│를 더하면 나누어지는 수인 것을 이용하여 계산합니다.

• ●÷3＝25…2에서 ●에 알맞은 수 구하기

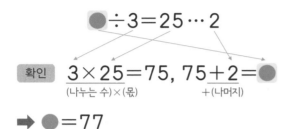

확인 $3 \times 25 = 75, \ 75 + 2 = $ ●
(나누는 수)×(몫)   +(나머지)

➡ ●＝77

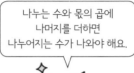

나누는 수와 몫의 곱에
나머지를 더하면
나누어지는 수가 나와야 해요.

• 160÷12＝13…●에서 ●에 알맞은 수 구하기

$$160 \div 12 = 13 \cdots ●$$

확인 $12 \times 13 = 156, \ 156 + ● = 160$
(나누는 수)×(몫)   +(나머지)

➡ 160−156＝●, ●＝4

바빠 꿀팁!

• 덧셈과 곱셈이 섞여 있는 식은 곱셈을 덧셈보다 먼저 계산해요.

몫과 나머지를 바르게 구했는지 확인하는 식을
(나누는 수)×(몫)＋(나머지)＝(나누어지는 수)로 나타낸 다음 곱셈을 덧셈보다 먼저 계산할
수도 있어요.

● ÷ ▲ ＝ ■ … ★

▲ × ■ ＋ ★ ＝ ●

☐÷3＝25…2
➡ 3×25＋2＝☐에서 곱셈인 3×25를 먼저 계산하면
75＋2＝☐, ☐＝77이에요.

🐾 ☐ 안에 알맞은 수를 써넣으세요.

❶ ☐ ÷ 12 = 3 ⋯ 4

☐는 12와 3의 곱에 4를 더한 수예요.

❷ ☐ ÷ 3 = 13 ⋯ 2

❸ ☐ ÷ 8 = 11 ⋯ 5

❹ ☐ ÷ 23 = 4 ⋯ 3

❺ ☐ ÷ 4 = 25 ⋯ 2

❻ ☐ ÷ 14 = 7 ⋯ 12

❼ ☐ ÷ 15 = 15 ⋯ 9

❽ ☐ ÷ 30 = 12 ⋯ 27

❾ ☐ ÷ 24 = 5 ⋯ 23

❿ ☐ ÷ 43 = 21 ⋯ 8

나누는 수와 몫의 곱에 나머지를 더하면 나누어지는 수가 나와요.

🐾 ☐ 안에 알맞은 수를 써넣으세요.

❶ 51 ÷ 9 = 5 ··· ☐

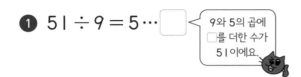

9와 5의 곱에
☐ 를 더한 수가
5 1 이에요.

❷ 50 ÷ 14 = 3 ··· ☐

❸ 72 ÷ 16 = 4 ··· ☐

❹ 96 ÷ 25 = 3 ··· ☐

❺ 102 ÷ 11 = 9 ··· ☐

❻ 190 ÷ 8 = 23 ··· ☐

❼ 485 ÷ 15 = 32 ··· ☐

❽ 350 ÷ 21 = 16 ··· ☐

❾ 516 ÷ 35 = 14 ··· ☐

❿ 639 ÷ 27 = 23 ··· ☐

🐾 ☐ 안에 알맞은 수를 써넣으세요.

❶ ☐ $\div 7 = 13\cdots 6$

❷ $121 \div 28 = 4\cdots$ ☐

❸ ☐ $\div 34 = 8\cdots 18$

❹ $223 \div 24 = 9\cdots$ ☐

❺ ☐ $\div 25 = 13\cdots 4$

❻ $440 \div 16 = 27\cdots$ ☐

❼ ☐ $\div 23 = 26\cdots 10$

❽ $742 \div 42 = 17\cdots$ ☐

❾ ☐ $\div 35 = 25\cdots 6$

❿ $932 \div 18 = 51\cdots$ ☐

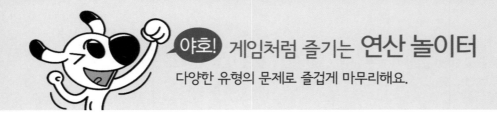

야호! 게임처럼 즐기는 **연산 놀이터**

다양한 유형의 문제로 즐겁게 마무리해요.

다음 식에서 ■의 값에 해당하는 글자를 [보기]에서 찾아 아래 표의 빈칸에 차례로 써 넣으면 고사성어가 완성됩니다. 완성된 고사성어를 쓰세요.

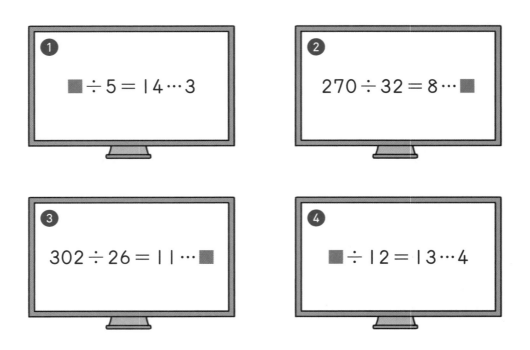

① $\blacksquare \div 5 = 14 \cdots 3$

② $270 \div 32 = 8 \cdots \blacksquare$

③ $302 \div 26 = 11 \cdots \blacksquare$

④ $\blacksquare \div 12 = 13 \cdots 4$

보기

120	14	160	73	16	64
정	기	성	대	만	개

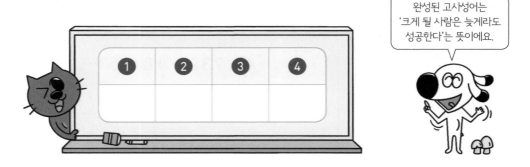

완성된 고사성어는 '크게 될 사람은 늦게라도 성공한다'는 뜻이에요.

14 모르는 수가 2개면 알 수 있는 것부터 차례로 구해

☆ ●와 ▲에 알맞은 수 구하기

$$●÷4=7$$
$$●×▲=84$$

1단계 모르는 수가 | |개인 식 먼저 계산합니다.

$$●÷4=7$$
$$4×7=●$$
➡ $●=28$

2단계 구한 수를 이용하여 나머지 수를 구합니다.

$$●×▲=84$$
$$28×▲=84$$
$$84÷28=▲$$
➡ $▲=3$

●=28이므로
● 대신 28을 넣어요.

3단계 답이 맞는지 확인합니다.

$$28÷4=⑦$$
$$28×3=⑧⑷$$

어떤 수를 구한 다음
답이 맞는지 확인까지 하면
완벽하겠죠?

바빠 꿀팁!

• =(등호)를 기준으로 기호를 바꿔요.

$●×■=▲$
$●=▲÷■$
$×■=▲÷■$

$●÷■=▲$
$●=▲×■$
$÷■=▲×■$

➡ =(등호)의 반대쪽으로 이동할 때, ×■는 ÷■가 되고 ÷■는 ×■가 돼요.

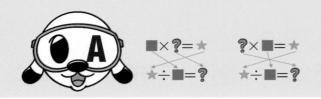

●와 ▲에 알맞은 수를 각각 구하세요.

①
$$● \times 5 = 60$$
$$● \div 3 = ▲$$

$60 \div 5 = ●$

모르는 수가 1개인 곱셈식을
나눗셈식으로 나타내
●의 값을 먼저 구해 봐요.

● : _____ , ▲ : _____

②
$$8 \times ● = 72$$
$$54 \div ● = ▲$$

● : _____ , ▲ : _____

③
$$● \times 7 = 35$$
$$14 \times ● = ▲$$

● : _____ , ▲ : _____

④
$$● \times 12 = 180$$
$$● \div 5 = ▲$$

● : _____ , ▲ : _____

⑤
$$9 \times ● = 126$$
$$● \times 11 = ▲$$

● : _____ , ▲ : _____

⑥
$$26 \times ● = 208$$
$$96 \div ● = ▲$$

● : _____ , ▲ : _____

⑦
$$● \times 12 = 324$$
$$15 \times ● = ▲$$

● : _____ , ▲ : _____

🐾 ●와 ▲에 알맞은 수를 각각 구하세요.

①

$$● ÷ 8 = 3$$ ◁ $8 × 3 = ●$
$$4 × ● = ▲$$

●: _____ , ▲: _____

모르는 수가 1개인 나눗셈식을
곱셈식 또는 다른 나눗셈식으로 나타내
●의 값을 먼저 구해 봐요.

②

$$64 ÷ ● = 4$$
$$● × 6 = ▲$$

●: _____ , ▲: _____

③

$$● ÷ 2 = 13$$
$$78 ÷ ● = ▲$$

●: _____ , ▲: _____

④

$$● ÷ 14 = 12$$
$$5 × ● = ▲$$

●: _____ , ▲: _____

⑤

$$240 ÷ ● = 15$$
$$● ÷ 8 = ▲$$

●: _____ , ▲: _____

⑥

$$144 ÷ ● = 18$$
$$● × 25 = ▲$$

●: _____ , ▲: _____

⑦

$$● ÷ 32 = 7$$
$$896 ÷ ● = ▲$$

●: _____ , ▲: _____

🐾 ●와 ▲에 알맞은 수를 각각 구하세요.

①
$$17 \times \bullet = 51$$
$$\bullet \times \blacktriangle = 69$$

●: _____ , ▲: _____

②
$$3 \times \bullet = 81$$
$$\bullet \div \blacktriangle = 3$$

●: _____ , ▲: _____

③
$$56 \div \bullet = 2$$
$$\bullet \div \blacktriangle = 4$$

●: _____ , ▲: _____

④
$$36 \div \bullet = 3$$
$$\bullet \times \blacktriangle = 84$$

●: _____ , ▲: _____

⑤
$$46 \times \bullet = 322$$
$$\bullet \times \blacktriangle = 154$$

●: _____ , ▲: _____

⑥
$$19 \times \bullet = 399$$
$$\bullet \div \blacktriangle = 7$$

●: _____ , ▲: _____

⑦
$$208 \div \bullet = 8$$
$$\bullet \div \blacktriangle = 2$$

●: _____ , ▲: _____

⑧
$$255 \div \bullet = 15$$
$$\bullet \times \blacktriangle = 34$$

●: _____ , ▲: _____

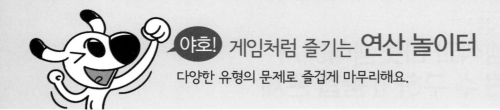

🐾 금고를 열려면 비밀번호를 알아야 합니다. 비밀번호의 힌트가 다음과 같을 때 모르는 두 기호의 값을 차례로 이어 쓰면 비밀번호입니다. 빈칸에 알맞은 수를 써넣으세요.

비밀번호 ◆ ➡ 앞자리 숫자
★ ➡ 뒷자리 숫자

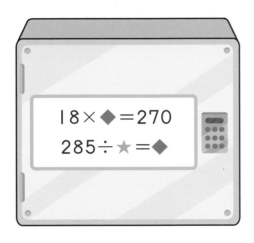

$18 \times \blacklozenge = 270$

$285 \div \bigstar = \blacklozenge$

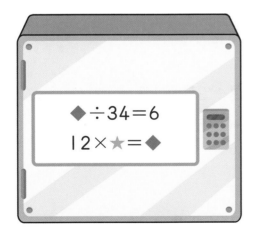

$\blacklozenge \div 34 = 6$

$12 \times \bigstar = \blacklozenge$

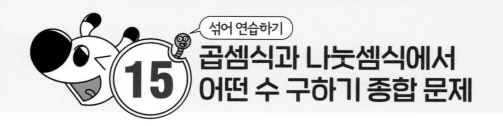

15 섞어 연습하기
곱셈식과 나눗셈식에서
어떤 수 구하기 종합 문제

🐾 곱셈식은 나눗셈식 2개로, 나눗셈식은 곱셈식 2개로 나타내세요.

❶ 8 × 9 = 72

$$72 ÷ \boxed{} = 9$$
$$\boxed{} ÷ \boxed{} = \boxed{}$$

❷ 56 ÷ 7 = 8

$$7 × \boxed{} = 56$$
$$\boxed{} × \boxed{} = \boxed{}$$

❸ 16 × 4 = 64

$$64 ÷ \boxed{} = 4$$
$$\boxed{} ÷ \boxed{} = \boxed{}$$

❹ 91 ÷ 13 = 7

$$13 × \boxed{} = 91$$
$$\boxed{} × \boxed{} = \boxed{}$$

🐾 ☐ 안에 알맞은 수를 써넣어 ❓의 값을 구하세요.

❺ ❓ × 18 = 108

➡ 108 ÷ ☐ = ❓, ❓ = ☐

❻ ❓ ÷ 25 = 17

➡ 25 × ☐ = ❓, ❓ = ☐

❼ 27 × ❓ = 324

➡ ☐ ÷ 27 = ❓, ❓ = ☐

❽ 756 ÷ ❓ = 36

➡ ☐ ÷ 36 = ❓, ❓ = ☐

🐾 ◻️ 안에 알맞은 수를 써넣으세요.

❶ ◻️ × 16 = 400

❷ 392 ÷ ◻️ = 28

❸ 12 × ◻️ = 516

❹ ◻️ ÷ 18 = 35

❺ ◻️ × 17 = 459

❻ 798 ÷ ◻️ = 42

❼ 24 × ◻️ = 624

❽ ◻️ ÷ 25 = 36

❾ ◻️ × 32 = 896

❿ 754 ÷ ◻️ = 29

말풍선: 섞어서 연습해요!

🐾 ☐ 안에 알맞은 수를 써넣으세요.

말풍선: 올림한 수를 작게 쓰고 계산해요!

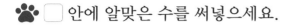

❶

```
        6  ☐
  ×        8
 ──────────
  ☐    1  2
```

❷

```
     3  ☐  7
  ×        9
 ──────────
  3  3  0  ☐
```

❸

```
        ☐  6
  ×     2  ☐
 ──────────
     2  5  2
     7  2  0
 ──────────
     9  7  2
```

❹

```
        4  ☐
  ×     ☐  3
 ──────────
     1  4  7
  2  9  4  0
 ──────────
  ☐  ☐  8  7
```

❺

```
     5  4  ☐
  ×     ☐  7
 ──────────
  3  8  3  6
  ☐  6  4  0
 ──────────
  ☐  0  2  7  6
```

❻

```
        ☐  2  ☐
  ×        ☐  4
 ──────────
     2  9  0  0
  4  3  5  0  0
 ──────────
  4  ☐  4  0  0
```

🐾 ☐ 안에 알맞은 수를 써넣으세요.

❶ ☐ $\div 9 = 27 \cdots 8$　　❷ $381 \div 23 = 16 \cdots$ ☐

❸ ☐ $\div 28 = 29 \cdots 18$　　❹ $594 \div 34 = 17 \cdots$ ☐

🐾 ●와 ▲에 알맞은 수를 각각 구하세요.

❺
$$85 \div ● = 5$$
$$● \times 12 = ▲$$

●: _____ , ▲: _____

❻
$$336 \div ● = 14$$
$$● \div 8 = ▲$$

●: _____ , ▲: _____

❼
$$15 \times ● = 510$$
$$● \times ▲ = 714$$

●: _____ , ▲: _____

❽
$$27 \times ● = 972$$
$$● \div ▲ = 18$$

●: _____ , ▲: _____

🐾 사다리 타기 놀이를 하고 있습니다. ☐ 안에 알맞은 수를 사다리로 연결된 강아지에게
써넣으세요.

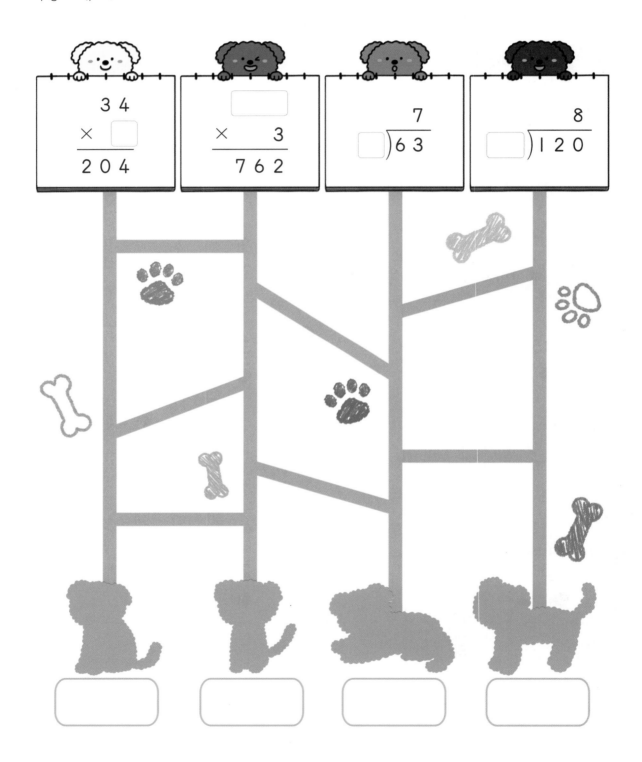

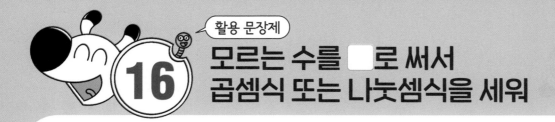

16 모르는 수를 ☐로 써서 곱셈식 또는 나눗셈식을 세워

☆ 어떤 수 구하기 문장제

> 도넛을 구워 한 접시에 5개씩 담았더니 13접시가 되고 3개가 남았습니다. 구운 도넛은 모두 몇 개일까요?

1단계 문장을 /로 끊어 읽고 조건을 수와 연산 기호로 나타냅니다.

> 도넛을 구워 / ➡ ☐
>
> 한 접시에 5개씩 담았더니 / ➡ ÷5
>   ÷5
>
> 13접시가 되고 3개가 남았습니다. / ➡ =13…3
>   몫: 13   나머지: 3
>
> 구운 도넛은 모두 몇 개일까요?

2단계 하나의 식으로 나타냅니다.

☐ ◯ 5 ◯ 13…3

구운 도넛 수를 모르니까 ☐개라 하고 식으로 나타내면 돼요.

3단계 몫과 나머지가 맞는지 확인하는 식을 이용하여 ☐ 안의 수를 구합니다.

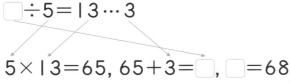
☐÷5=13…3

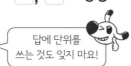
5×13=65, 65+3=☐, ☐=68

나누는 수와 몫의 곱에 나머지를 더하면 나누어지는 수가 나와야 해요.

➡ 구운 도넛 수: ☐ 개
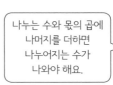
답에 단위를 쓰는 것도 잊지 마요!

어떤 수를 ☐라 하여 곱셈식 또는 나눗셈식으로 나타내고 ☐를 구하면 돼요.

🐾 ☐를 사용하여 하나의 식으로 나타내어 답을 구하세요.

❶ 어떤 수에 16을 곱했더니 96이 되었습니다. 어떤 수는 얼마일까요?

식

답 _____

❷ 27에 어떤 수를 곱했더니 243이 되었습니다. 어떤 수는 얼마일까요?

식 _____

답 _____

❸ 216을 어떤 수로 나누었더니 몫이 18이 되었습니다. 어떤 수는 얼마일까요?

식 _____

답 _____

❹ 어떤 수를 9로 나누었더니 몫이 23이고 나머지가 5였습니다. 어떤 수는 얼마일까요?

식 _____

답 _____

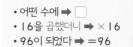
- 어떤 수에 ➡ ☐
- 16을 곱했더니 ➡ ×16
- 96이 되었다 ➡ =96

어떤 수를 ☐라 하는 게 핵심이에요.

나머지가 있는 나눗셈식으로 먼저 나타내 봐요.
■÷▲=●…★

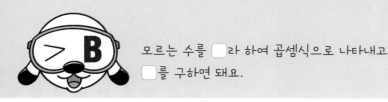

😺 ☐를 사용하여 곱셈식으로 나타내어 답을 구하세요.

1 코스모스의 꽃잎은 8장입니다. 코스모스 몇 송이를 샀더니 꽃잎이 112장이라면 산 코스모스는 몇 송이일까요?

식 8 ◯ ☐ ◯ 112

답 ＿＿＿＿＿＿＿＿ 송이

단위를 꼭 써요!

• 전체 코스모스 꽃잎 수
➡ ☐ × ☐ 개

전체 코스모스 꽃잎 수는 8장씩 ☐송이이므로 8×☐＝(전체 꽃잎 수)로 나타낼 수 있어요.

2 정사각형 모양의 타일을 한 줄에 일정한 개수씩 16줄 붙였습니다. 전체 타일이 208개라면 한 줄에 붙인 타일은 몇 개일까요?

식 ＿＿＿＿＿＿＿＿＿＿＿＿＿＿＿＿

답 ＿＿＿＿＿＿＿＿

3 한 주머니에 구슬이 23개씩 들어 있습니다. 주머니 몇 개를 가져와 상자에 모두 부었더니 구슬이 345개라면 가져온 주머니는 몇 개일까요?

식 ＿＿＿＿＿＿＿＿＿＿＿＿＿＿＿＿

답 ＿＿＿＿＿＿＿＿

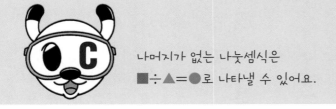

나머지가 없는 나눗셈식은
■÷▲=● 로 나타낼 수 있어요.

🐾 □를 사용하여 나눗셈식으로 나타내어 답을 구하세요.

❶ 시현이가 사탕 한 봉지를 샀습니다. 매일 4개씩 먹었더니
6일 동안 먹고 남은 것이 없었습니다. 사탕 한 봉지에 사탕
이 몇 개 들어 있었을까요?

식 □ ◯ 4 ◯ 6

답 _____ 개

단위를 꼭 써요!

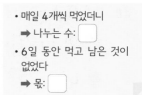
• 매일 4개씩 먹었더니
➡ 나누는 수: □
• 6일 동안 먹고 남은 것이
없었다
➡ 몫: □

똑같이 나누었을 때
남는 것이 없다는 말은
'나눗셈이 나누어떨어진다'는
뜻이에요.

❷ 만두가 108개 있습니다. 한 봉지에 똑같은 개수씩 담았더
니 9봉지가 되고 남은 것이 없었습니다. 한 봉지에 만두를
몇 개씩 담았을까요?

식 _____

답 _____

❸ 초콜릿 128개를 친구들에게 똑같이 나누어 주려고 합니
다. 한 명에게 몇 개씩 주어야 친구 16명에게 똑같이 나누
어 줄 수 있을까요?

식 _____

답 _____

🐾 ☐를 사용하여 나눗셈식으로 나타내어 답을 구하세요.

❶ 크림빵을 만들어 한 상자에 8개씩 담았더니 11상자가 되고 7개가 남았습니다. 만든 크림빵은 모두 몇 개일까요?

식 ☐ ◯ 8 ◯ 11 … 7

답 _____

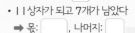

• 한 상자에 8개씩 담았더니
  ➡ 나누는 수: ☐
• 11상자가 되고 7개가 남았다
  ➡ 몫: ☐ , 나머지: ☐

똑같이 나누었을 때 남는 것이 있다는 말은 '나눗셈이 나누어떨어지지 않는다'는 뜻이에요.

❷ 강당에 의자를 한 줄에 26개씩 15줄로 놓았더니 10개가 남았습니다. 강당에 있는 의자는 모두 몇 개일까요?

식 _____

답 _____

❸ 색 테이프를 18 cm씩 잘랐더니 12도막이 되고 4 cm가 남았습니다. 처음 색 테이프의 길이는 몇 cm일까요?

식 _____

답 _____

바르게 계산한 값을 구하려면 식을 두 번 세워야 해요.
어떤 수를 ☐라 하고 잘못된 식을 세워 어떤 수를 구한 다음
바른 식을 세워 값을 구해요.

🐾 ☐를 사용하여 하나의 식으로 나타내어 답을 구하세요.

[문제 푸는 순서]

☐를 사용하여
잘못된 식 세우기

↓

어떤 수 구하기

↓

바르게 계산한 값 구하기

❶ 어떤 수에 9를 곱해야 할 것을 잘못하여 6을 곱했더니 78이
되었습니다. 바르게 계산한 값은 얼마일까요?

잘못된 식 ☐ ◯ 6 ◯ 78

바른 식 ☐ ◯ 9 ◯ ☐

잘못된 식에서 구한
어떤 수의 값을 써요.

답 _____

❷ 어떤 수를 15로 나누어야 할 것을 잘못하여 25로 나누었더
니 몫이 9가 되었습니다. 바르게 계산한 값은 얼마일까요?

잘못된 식 _____

바른 식 _____

어떤 수만 구하고
멈추면 안 되겠죠?
바르게 계산한 값까지
구해야 해요.

답 _____

❸ 어떤 수에 12를 곱해야 할 것을 잘못하여 12로 나누었더
니 몫이 3이 되었습니다. 바르게 계산한 값은 얼마일까요?

잘못된 식 _____

바른 식 _____

둘째 마당까지
다 풀다니~
정말 멋져요!

답 _____

셋째 마당

>, <가 있는 식에서 어떤 수 구하기

셋째 마당에서는 >, <(부등호)가 있는 식에서 어떤 수를 구해 볼 거예요. 이번 마당을 마치고 나면 응용력과 자신감이 생길 거예요. 잘하고 있으니 마지막까지 조금 더 힘내요!

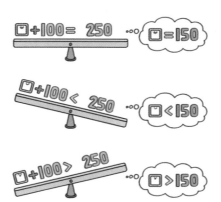

	공부할 내용!	완료	10일 진도	20일 진도
17	먼저 >, <를 =로 생각한 다음 덧셈과 뺄셈의 관계를 이용해	☐	9일차	17일차
18	먼저 >, <를 =로 생각한 다음 곱셈과 나눗셈의 관계를 이용해	☐		18일차
19	분수와 소수에서도 덧셈과 뺄셈의 관계가 통해	☐	10일차	19일차
20	분자가 될 수 있는 수를 구할 때도 >, <를 =로 생각해	☐		20일차

17 먼저 >, <를 =로 생각한 다음 덧셈과 뺄셈의 관계를 이용해

☆ ☐ 안에 들어갈 수 있는 가장 큰 세 자리 수 구하기

$$\boxed{}+120<350$$

1단계 < 대신 =로 바꿔서 식을 만족하는 어떤 수를 구합니다.

$$\boxed{}+120=350, \ 350-120=\boxed{} \ \Rightarrow \ \boxed{}=230$$

2단계 ☐+120<350에서 ☐ 안의 수와 **230**의 크기를 비교합니다.

> ☐+120이 350보다 작아야 하므로
> ☐ 안에 들어갈 수 있는 수는 230보다 작아야 합니다.

➡ ☐ 안에 들어갈 수 있는 가장 큰 세 자리 수: 229 ⟵ 230−1

☆ ☐ 안에 들어갈 수 있는 가장 작은 세 자리 수 구하기

$$\boxed{410-}<260$$

1단계 < 대신 =로 바꿔서 식을 만족하는 어떤 수를 구합니다.

$$410-\boxed{}=260, \ 410-260=\boxed{} \ \Rightarrow \ \boxed{}=150$$

2단계 410−☐<260에서 ☐ 안의 수와 **150**의 크기를 비교합니다.

> 410−☐가 260보다 작아야 하므로
> ☐ 안에 들어갈 수 있는 수는 150보다 커야 합니다.

빼는 수가 클수록 값이 작아져요.

➡ ☐ 안에 들어갈 수 있는 가장 작은 세 자리 수: [   ] ⟵ 150+1

🐾 ☐ 안에 들어갈 수 있는 수를 모두 찾아 ◯표 하세요.

❶ ☐ + 250 < 400

148   149   150   151   152

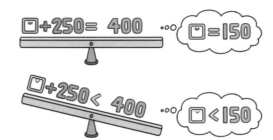

❷ 230 + ☐ > 510

279   280   281   282   283

❸ ☐ − 230 < 170

398   399   400   401   402

❹ 500 − ☐ > 160

337   338   339   340   341

☐ 앞에 뺄셈 기호가 있으니까
☐ 안의 수가 작을수록
500−☐의 값이 커져요.

🐾 ☐ 안에 들어갈 수 있는 가장 큰 세 자리 수를 구하세요.

1 ☐＋130＜450

➡ _____

먼저 ＞, ＜를 ＝로 바꿔 생각하는 게 핵심이에요.

2 250＋☐＜600

➡ _____

3 ☐－370＜140

➡ _____

4 ☐＋165＜672

➡ _____

5 531－☐＞326

➡ _____

6 257＋☐＜526

➡ _____

7 ☐－314＜238

➡ _____

●보다 큰 수 중에서 가장 작은 세 자리 수는 ●보다 1만큼 큰 수예요.
101보다 큰 수 중에서 가장 작은 세 자리 수 ➡ 101+1=102

🐾 ☐ 안에 들어갈 수 있는 가장 작은 세 자리 수를 구하세요.

1 ☐＋210＞570

➡ _____

2 ☐－145＞430

➡ _____

3 350＋☐＞624

➡ _____

4 472－☐＜315

➡ _____

5 ☐＋523＞706

➡ _____

6 ☐－327＞483

➡ _____

7 673＋☐＞862

➡ _____

-1 100 (101) +1 102

101보다 작은 수 중에서
가장 큰 세 자리 수

101보다 큰 수 중에서
가장 작은 세 자리 수

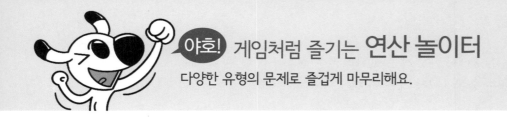

야호! 게임처럼 즐기는 **연산 놀이터**
다양한 유형의 문제로 즐겁게 마무리해요.

🐾 ☐ 안에 들어갈 수 있는 수가 적힌 풍선을 모두 찾아 ✕표 하세요.

18 먼저 >, <를 =로 생각한 다음 곱셈과 나눗셈의 관계를 이용해

☆ ⬜ 안에 들어갈 수 있는 가장 큰 자연수 구하기

$$12 \times \boxed{} < 60$$

1단계 < 대신 =로 바꿔서 식을 만족하는 어떤 수를 구합니다.

$$12 \times \boxed{} = 60, \quad 60 \div 12 = \boxed{} \Rightarrow \boxed{} = 5$$

2단계 $12 \times \boxed{} < 60$에서 ⬜ 안의 수와 **5**의 크기를 비교합니다.

> $12 \times \boxed{}$가 60보다 작아야 하므로
> ⬜ 안에 들어갈 수 있는 수는 5보다 작아야 합니다.

➡ ⬜ 안에 들어갈 수 있는 가장 큰 자연수: 4 ◁ 5-1

☆ ⬜ 안에 들어갈 수 있는 가장 작은 자연수 구하기

$$\boxed{} \times 15 > 108$$

1단계 > 대신 =로 바꿔서 식을 만족하는 어떤 수를 구합니다.

$$\boxed{} \times 15 = 108, \quad 108 \div 15 = \boxed{} \Rightarrow \boxed{} = 7 \cdots 3$$ ◁ 자연수 부분이 **7**인 소수라는 것을 알 수 있어요.

2단계 $\boxed{} \times 15 > 108$에서 ⬜ 안의 수와 자연수 부분이 **7**인 소수의 크기를 비교합니다.

> $\boxed{} \times 15$가 108보다 커야 하므로
> ⬜ 안에 들어갈 수 있는 수는 자연수 부분이 7인 소수보다 커야 합니다.

➡ ⬜ 안에 들어갈 수 있는 가장 작은 자연수: ⬜ ◁ 7+1

$5 \times \bullet = 100 \Rightarrow \bullet = 20$
$5 \times \bullet < 100 \Rightarrow \bullet < 20$
$5 \times \bullet > 100 \Rightarrow \bullet > 20$

>, <를 =로 바꾼 식을 만족하는 어떤 수를 구한 다음 어떤 수보다 큰 수 또는 작은 수를 찾으면 돼요.

🐾 ☐ 안에 들어갈 수 있는 수를 모두 찾아 ◯표 하세요.

❶ $4 \times \square < 96$

22　23　24　25　26

❷ $8 \times \square > 112$

12　13　14　15　16

❸ $\square \times 11 < 209$

16　17　18　19　20

❹ $25 \times \square > 300$

10　11　12　13　14

❺ $\square \times 21 < 651$

29　30　31　32　33

❻ $9 \times \square > 218$

23　24　25　26　27

$9 \times \square = 218$, $218 \div 9 = \square$에서 ☐의 값이 나누어떨어지지 않으면 몫을 자연수 부분까지만 구해서 어림하면 돼요.

106

🐾 ☐ 안에 들어갈 수 있는 가장 큰 자연수를 구하세요.

1 $9 \times \square < 63$

➡ _____

먼저 >, <를 =로
바꾼 식을 만족하는
어떤 수를 구해요.

2 $12 \times \square < 96$

➡ _____

3 $\square \times 15 < 95$

➡ _____

4 $24 \times \square < 360$

➡ _____

5 $\square \times 32 < 448$

➡ _____

6 $36 \times \square < 290$

➡ _____

7 $\square \times 40 < 500$

➡ _____

🐾 ☐ 안에 들어갈 수 있는 가장 작은 자연수를 구하세요.

1 $8 \times ☐ > 56$

➡ _____

2 $☐ \times 13 > 78$

➡ _____

3 $14 \times ☐ > 252$

➡ _____

4 $☐ \times 26 > 392$

➡ _____

5 $37 \times ☐ > 555$

➡ _____

6 $☐ \times 15 > 605$

➡ _____

7 $52 \times ☐ > 700$

➡ _____

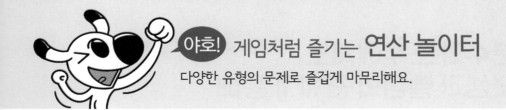

🐾 ☐ 안에 들어갈 수 있는 수가 적힌 풍선을 모두 찾아 ×표 하세요.

$\square \times 7 < 84$

$12 \times \square > 300$

19 분수와 소수에서도 덧셈과 뺄셈의 관계가 통해

☆ ●에 알맞은 수 구하기

덧셈과 뺄셈 의 관계를 이용하여 ●의 값을 구합니다.

• $\frac{1}{5} + ● = \frac{3}{5}$ 에서 ●의 값 구하기

$$\frac{1}{5} + ● = \frac{3}{5}$$

$$\frac{3}{5} - \frac{1}{5} = ● \Rightarrow ● = \frac{2}{5}$$

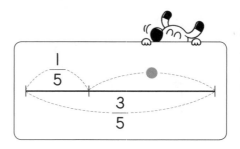

$\frac{3}{5}$이 가장 큰 수니까
$\frac{3}{5}$에서 $\frac{1}{5}$을 빼면
●의 값이 나와요.

• ● − 0.4 = 1.2에서 ●의 값 구하기

$$● − 0.4 = 1.2$$

$$1.2 + 0.4 = ● \Rightarrow ● = 1.6$$

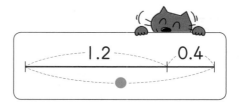

●가 가장 큰 수니까
1.2와 0.4를 더하면
●의 값이 나와요.

바빠 꿀팁!

• 자연수의 덧셈식과 뺄셈식에서 어떤 수 구하기와 푸는 방법이 같아요.

$$2 + \square = 6 \Rightarrow 6 - 2 = \square \Rightarrow \square = 4$$

$$\frac{2}{7} + \square = \frac{6}{7} \Rightarrow \frac{6}{7} - \frac{2}{7} = \square \Rightarrow \square = \frac{4}{7}$$

쉬운 수와 비교하니까 이해하기 쉽죠?
분수와 소수일 때도 덧셈과 뺄셈의 관계를
이용하면 돼요.

덧셈식을 뺄셈식으로 나타내면 ⬜ 안의 수를 구할 수 있어요.

▲ + ⬜ = ■ ➡ ■ − ▲ = ⬜   ⬜ + ● = ★ ➡ ★ − ● = ⬜

🐾 ⬜ 안에 알맞은 수를 써넣으세요.

1 $\dfrac{2}{7} + \boxed{} = \dfrac{5}{7}$ ⟨ $\dfrac{2}{7} + \square = \dfrac{5}{7}$ $\dfrac{5}{7} - \dfrac{2}{7} = \square$ ⟩

2 $\boxed{} + \dfrac{1}{9} = \dfrac{8}{9}$ ⟨ $\square + \dfrac{1}{9} = \dfrac{8}{9}$ $\dfrac{8}{9} - \dfrac{1}{9} = \square$ ⟩

3 $\dfrac{1}{5} + \boxed{} = 1\dfrac{4}{5}$

4 $\boxed{} + \dfrac{7}{10} = 1$

5 $1\dfrac{3}{7} + \boxed{} = 2\dfrac{5}{7}$

6 $\boxed{} + 2\dfrac{4}{9} = 3\dfrac{8}{9}$

7 $0.5 + \boxed{} = 1.4$

8 $\boxed{} + 2.5 = 3.9$

9 $1.32 + \boxed{} = 3.48$

10 $\boxed{} + 4.56 = 6.73$

🐾 ☐ 안에 알맞은 수를 써넣으세요.

① $\boxed{} - \dfrac{1}{5} = \dfrac{3}{5}$ $\left\langle \begin{array}{c} \boxed{} - \dfrac{1}{5} = \dfrac{3}{5} \\[4pt] \dfrac{3}{5} + \dfrac{1}{5} = \boxed{} \end{array} \right.$

② $\dfrac{9}{11} - \boxed{} = \dfrac{6}{11}$ $\left\langle \begin{array}{c} \dfrac{9}{11} - \boxed{} = \dfrac{6}{11} \\[4pt] \dfrac{9}{11} - \dfrac{6}{11} = \boxed{} \end{array} \right.$

③ $\boxed{} - \dfrac{3}{8} = \dfrac{5}{8}$

④ $1\dfrac{5}{9} - \boxed{} = \dfrac{1}{9}$

⑤ $\boxed{} - 1\dfrac{2}{7} = 1\dfrac{4}{7}$

⑥ $5\dfrac{9}{13} - \boxed{} = 2\dfrac{5}{13}$

⑦ $\boxed{} - 0.7 = 2.5$

⑧ $4.5 - \boxed{} = 1.7$

⑨ $\boxed{} - 1.54 = 1.71$

⑩ $5.96 - \boxed{} = 3.58$

덧셈과 뺄셈의 관계를 이용할 때 수직선을 그리면 이해하기 쉬워요.

🐾 ☐ 안에 알맞은 수를 써넣으세요.

1 $\boxed{} + \dfrac{3}{11} = \dfrac{8}{11}$

2 $\boxed{} - \dfrac{7}{15} = \dfrac{4}{15}$

3 $\dfrac{4}{5} + \boxed{} = 1\dfrac{2}{5}$

4 $1 - \boxed{} = \dfrac{4}{9}$

5 $\boxed{} + 2\dfrac{5}{7} = 4$

6 $\boxed{} - 1\dfrac{3}{8} = 1\dfrac{5}{8}$

7 $4.9 + \boxed{} = 11.3$

8 $10.5 - \boxed{} = 5.8$

9 $\boxed{} + 3.46 = 5.21$

10 $\boxed{} - 6.71 = 2.49$

🐾 ☐ 안에 알맞은 수를 써넣으세요.

① $\dfrac{7}{12} + \boxed{} = 1$

② $\boxed{} - \dfrac{2}{5} = \dfrac{4}{5}$

③ $\boxed{} + \dfrac{6}{7} = 1\dfrac{2}{7}$

④ $4\dfrac{5}{9} - \boxed{} = 1\dfrac{7}{9}$

⑤ $1\dfrac{3}{5} + \boxed{} = 3\dfrac{2}{5}$

⑥ $\boxed{} - 1\dfrac{3}{8} = \dfrac{5}{8}$

⑦ $\boxed{} + 2.32 = 5.7$

⑧ $7.06 - \boxed{} = 2.9$

⑨ $4.69 + \boxed{} = 7.2$

⑩ $\boxed{} - 2.8 = 3.85$

답이 맞는지 확인까지 하면 완벽하겠죠?

114

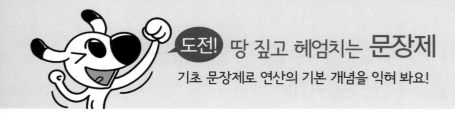
🐾 □를 사용하여 하나의 식으로 나타내어 답을 구하세요.

❶ 어떤 수에 $\frac{4}{9}$를 더했더니 $1\frac{2}{9}$가 되었습니다. 어떤 수는 얼마일까요?

식 □ ○ $\frac{4}{9}$ ○ $1\frac{2}{9}$

답 _____

어떤 수를 □로 나타내요.

❷ $2\frac{6}{7}$에서 어떤 수를 뺐더니 $1\frac{3}{7}$이 되었습니다. 어떤 수는 얼마일까요?

식 _____

답 _____

❸ 어떤 수에 4.8을 더했더니 10.2가 되었습니다. 어떤 수는 얼마일까요?

식 _____

답 _____

❹ 6.3에서 어떤 수를 뺐더니 2.17이 되었습니다. 어떤 수는 얼마일까요?

식 _____

답 _____

20 분자가 될 수 있는 수를 구할 때도 >, <를 =로 생각해

☆ $\dfrac{\square}{7} + \dfrac{1}{7} < \dfrac{6}{7}$ 에서 $\square$ 안에 들어갈 수 있는 가장 큰 자연수 구하기

1단계 < 대신 =로 바꿔서 식을 만족하는 어떤 수를 구합니다.

$$\dfrac{\square}{7} + \dfrac{1}{7} = \dfrac{6}{7}, \quad \dfrac{6}{7} - \dfrac{1}{7} = \dfrac{\square}{7}, \quad \dfrac{\square}{7} = \dfrac{5}{7} \;\Rightarrow\; \square = 5$$

2단계 $\dfrac{\square}{7} + \dfrac{1}{7} < \dfrac{6}{7}$ 에서 $\square$ 안의 수와 5의 크기를 비교합니다.

> $\dfrac{\square}{7} + \dfrac{1}{7}$ 이 $\dfrac{6}{7}$ 보다 작아야 하므로
>
> $\square$ 안에 들어갈 수 있는 수는 5보다 작아야 합니다.

➡ $\square$ 안에 들어갈 수 있는 가장 큰 자연수: $\boxed{4}$ ◁ 5−1

☆ $\dfrac{8}{9} - \dfrac{\square}{9} < \dfrac{4}{9}$ 에서 $\square$ 안에 들어갈 수 있는 가장 작은 자연수 구하기

1단계 < 대신 =로 바꿔서 식을 만족하는 어떤 수를 구합니다.

$$\dfrac{8}{9} - \dfrac{\square}{9} = \dfrac{4}{9}, \quad \dfrac{8}{9} - \dfrac{4}{9} = \dfrac{\square}{9}, \quad \dfrac{\square}{9} = \dfrac{4}{9} \;\Rightarrow\; \square = 4$$

2단계 $\dfrac{8}{9} - \dfrac{\square}{9} < \dfrac{4}{9}$ 에서 $\square$ 안의 수와 4의 크기를 비교합니다.

> $\dfrac{8}{9} - \dfrac{\square}{9}$ 가 $\dfrac{4}{9}$ 보다 작아야 하므로
>
> $\square$ 안에 들어갈 수 있는 수는 4보다 커야 합니다.

빼는 수가 클수록 값이 작아져요.

➡ $\square$ 안에 들어갈 수 있는 가장 작은 자연수: $\square$ ◁ 4+1

🐾 ☐ 안에 들어갈 수 있는 수를 모두 찾아 ⬭표 하세요.

❶
$$\frac{\square}{11} + \frac{2}{11} > \frac{7}{11}$$

$\frac{\square}{11} + \frac{2}{11} = \frac{7}{11}$이라
하고 식을 만족하는 수를
먼저 구해 봐요.

1   2   3   4   5   6   7   8   9

❷
$$\frac{3}{5} + \frac{\square}{5} < 1\frac{2}{5}$$

1   2   3   4   5   6   7   8   9

❸
$$\frac{\square}{12} - \frac{5}{12} > \frac{1}{12}$$

1   2   3   4   5   6   7   8   9

❹
$$1\frac{3}{10} - \frac{\square}{10} < \frac{9}{10}$$

☐ 앞에 뺄셈 기호가 있으니까
☐ 안의 수가 클수록
$1\frac{3}{10} - \frac{\square}{10}$의 값이 작아져요.

1   2   3   4   5   6   7   8   9

🐾 □ 안에 들어갈 수 있는 가장 큰 자연수를 구하세요.

1

$$\frac{\square}{9} + \frac{2}{9} < \frac{8}{9}$$

➡ _____

$$\frac{\square}{4} + \frac{1}{4} = \frac{3}{4} \Rightarrow \square = 2$$

$$\frac{\square}{4} + \frac{1}{4} < \frac{3}{4} \Rightarrow \square < 2$$

2

$$\frac{9}{13} + \frac{\square}{13} < \frac{12}{13}$$

➡ _____

3

$$\frac{\square}{8} - \frac{1}{8} < \frac{5}{8}$$

➡ _____

4

$$\frac{\square}{7} + \frac{2}{7} < 1\frac{1}{7}$$

➡ _____

5

$$1\frac{2}{11} - \frac{\square}{11} > \frac{5}{11}$$

➡ _____

6

$$1\frac{4}{5} + \frac{\square}{5} < 2\frac{2}{5}$$

➡ _____

7

$$\frac{\square}{15} - \frac{7}{15} < 1\frac{1}{15}$$

➡ _____

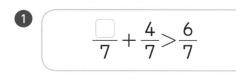 ☐ 안에 들어갈 수 있는 가장 작은 자연수를 구하세요.

잘하고 있어요.
조금 더 힘내요!

① $\dfrac{\square}{7} + \dfrac{4}{7} > \dfrac{6}{7}$

➡ _____

② $\dfrac{\square}{13} - \dfrac{4}{13} > \dfrac{6}{13}$

➡ _____

③ $\dfrac{3}{11} + \dfrac{\square}{11} > \dfrac{9}{11}$

➡ _____

④ $1\dfrac{1}{9} - \dfrac{\square}{9} < \dfrac{5}{9}$

➡ _____

⑤ $\dfrac{\square}{15} + \dfrac{7}{15} > 1\dfrac{1}{15}$

➡ _____

⑥ $\dfrac{\square}{12} - \dfrac{7}{12} > \dfrac{1}{12}$

➡ _____

⑦ $1\dfrac{5}{9} + \dfrac{\square}{9} > 2\dfrac{2}{9}$

➡ _____

⑧ $4\dfrac{1}{11} - \dfrac{\square}{11} < 3\dfrac{7}{11}$

➡ _____

119

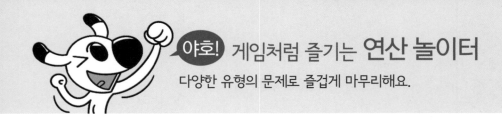

🐾 □ 안에 들어갈 수 있는 수를 모두 찾아 ◯표 하세요.

①

$$\frac{2}{15} + \frac{\square}{15} < \frac{8}{15}$$

3   4

5   6   7

8   9

②

$$\frac{\square}{9} - \frac{4}{9} > \frac{1}{9}$$

2   3

4   5   6

7   8

③

$$1\frac{3}{8} - \frac{\square}{8} > \frac{7}{8}$$

1   2

3   4   5

6   7

④

$$\frac{\square}{11} + \frac{8}{11} > 1\frac{4}{11}$$

4   5

6   7   8

9   10

120

초등 수학 공부, 이렇게 하면 효과적!

"펑펑 내려야 눈이 쌓이듯 공부도 집중해야 실력이 쌓인다!"

학교 다닐 때는? · 학기별 연산책 '바빠 교과서 연산'

'바빠 교과서 연산'부터 시작하세요. 학기별 진도에 딱 맞춘 쉬운 연산 책이니까요! 방학 동안 다음 학기 선행을 준비할 때도 '바빠 교과서 연산'으로 시작하세요! 교과서 순서대로 빠르게 공부할 수 있어, 첫 번째 수학 책으로 추천합니다.

시험이나 서술형 대비는? · '나 혼자 푼다! 수학 문장제'

학교 시험을 대비하고 싶다면 '나 혼자 푼다! 수학 문장제'로 공부하세요. 너무 어렵지도 쉽지도 않은 딱 적당한 난이도로, 빈칸을 채우면 풀이 과정이 완성됩니다! 막막하지 않아요~ 요즘 학교 시험 풀이 과정을 손쉽게 연습할 수 있습니다.

방학 때는? · 10일 완성 영역별 연산책 '바빠 연산법'

내가 부족한 영역만 골라 보충할 수 있어요! 예를 들어 4학년인데 나눗셈이 어렵다면 나눗셈만, 분수가 어렵다면 분수만 골라 훈련하세요. 방학 때나 학습 결손이 생겼을 때, 취약한 연산 구멍을 빠르게 메꿀 수 있어요!

바빠 연산 영역 :
덧셈, 뺄셈, 구구단, 시계와 시간, 길이와 시간 계산, 곱셈, 나눗셈, 약수와 배수, 분수, 소수, 자연수의 혼합 계산, 분수와 소수의 혼합 계산, 평면도형 계산, 입체도형 계산, 비와 비례, 방정식, 확률과 통계

바빠 시리즈 초등 학년별 추천 도서

학년	학기별 연산책 바빠 교과서 연산 학기 중, 선행용으로 추천!	나 혼자 푼다! 수학 문장제 학교 시험 서술형 완벽 대비!
1학년	·바쁜 1학년을 위한 빠른 교과서 연산 1-1 ·바쁜 1학년을 위한 빠른 교과서 연산 1-2	·나 혼자 푼다! 수학 문장제 1-1 ·나 혼자 푼다! 수학 문장제 1-2
2학년	·바쁜 2학년을 위한 빠른 교과서 연산 2-1 ·바쁜 2학년을 위한 빠른 교과서 연산 2-2	·나 혼자 푼다! 수학 문장제 2-1 ·나 혼자 푼다! 수학 문장제 2-2
3학년	·바쁜 3학년을 위한 빠른 교과서 연산 3-1 ·바쁜 3학년을 위한 빠른 교과서 연산 3-2	·나 혼자 푼다! 수학 문장제 3-1 ·나 혼자 푼다! 수학 문장제 3-2
4학년	·바쁜 4학년을 위한 빠른 교과서 연산 4-1 ·바쁜 4학년을 위한 빠른 교과서 연산 4-2	·나 혼자 푼다! 수학 문장제 4-1 ·나 혼자 푼다! 수학 문장제 4-2
5학년	·바쁜 5학년을 위한 빠른 교과서 연산 5-1 ·바쁜 5학년을 위한 빠른 교과서 연산 5-2	·나 혼자 푼다! 수학 문장제 5-1 ·나 혼자 푼다! 수학 문장제 5-2
6학년	·바쁜 6학년을 위한 빠른 교과서 연산 6-1 ·바쁜 6학년을 위한 빠른 교과서 연산 6-2	·나 혼자 푼다! 수학 문장제 6-1 ·나 혼자 푼다! 수학 문장제 6-2

'바빠 교과서 연산'과
'나 혼자 문장제'를
함께 풀면
한 학기 수학 완성!

방정식의 기초인 어떤 수 구하기 총정리

바쁜 친구들이 즐거워지는 빠른 학습법
바빠
연산법
시리즈

징검다리 교육연구소, 호사라 지음

3·4학년을 위한

바쁜 빠른 방정식

□×12=96

정답 및 풀이

바빠만의 3가지 전략 수록

어떤 수 구하기
10일 완성!

□=?

한 권으로
총정리!

• 방정식의 기초
• 어떤 수 구하기
• 어떤 수 구하기 응용

4학년 필독서

이지스에듀

맨날 노는데
수학 잘하는 너!
도대체 비결이
뭐야?

① 정답을 확인한 후 틀린 문제는 ☆표를 쳐 놓으세요~.
② 그런 다음 연습장에 틀린 문제를 옮겨 적으세요.
③ 그리고 그 문제들만 한 번 더 풀어 보세요.

시간은 얼마 걸리지 않아요. 그러나 이때 실력이 확 붙는 거예요.
아는 문제를 여러 번 다시 푸는 건 시간 낭비예요.
내가 틀린 문제만 모아서 풀면 아무리 바쁘더라도
수학 실력을 키울 수 있어요!

비결은
간단해!

바쁜 빠른

3·4학년을 위한

방정식

정답 및 풀이

바빠만의 3가지 전략 수록

어떤 수 구하기
10일 완성!

□ = ?

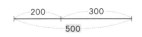 **01** 덧셈과 뺄셈은 아주 친한 관계!

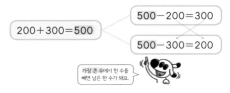

200 + 300 = 500, 300 + 200 = 500
500 − 200 = 300, 500 − 300 = 200

☺ 덧셈식을 뺄셈식 2개로 나타내기

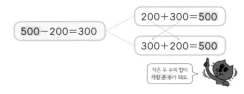

200 + 300 = 500

500 − 200 = 300
500 − 300 = 200

가장 큰 수에서 한 수를 빼면 남은 한 수가 돼요.

☺ 뺄셈식을 덧셈식 2개로 나타내기

500 − 200 = 300

200 + 300 = 500
300 + 200 = 500

작은 두 수의 합이 가장 큰 수가 돼요.

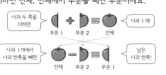

• 부분과 부분을 더하면 전체, 전체에서 부분을 빼면 부분이에요.

사과 두 쪽을 더하면 ⟨부분 1⟩ + ⟨부분 2⟩ = ⟨전체⟩ 사과 1개!

사과 1개에서 사과 한쪽을 빼면 ⟨전체⟩ − ⟨부분 2⟩ = ⟨부분 1⟩ 남은 사과 한쪽!

 수직선을 이용하면 덧셈과 뺄셈의 관계를 이해하기 쉬워요.

🐾 덧셈식은 뺄셈식 2개로, 뺄셈식은 덧셈식 2개로 나타내세요.

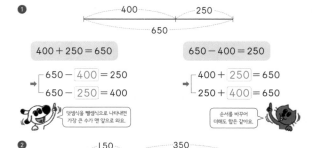

①
400 + 250 = 650

→ 650 − 400 = 250
   650 − 250 = 400

650 − 400 = 250

→ 400 + 250 = 650
   250 + 400 = 650

덧셈식을 뺄셈식으로 나타내면 가장 큰 수가 맨 앞으로 와요.

순서를 바꾸어 더해도 합은 같아요.

②
150 + 350 = 500

→ 500 − 150 = 350
   500 − 350 = 150

500 − 150 = 350

→ 150 + 350 = 500
   350 + 150 = 500

③
524 + 235 = 759

→ 759 − 524 = 235
   759 − 235 = 524

759 − 524 = 235

→ 524 + 235 = 759
   235 + 524 = 759

 B ▲ + ● = ■ ■ − ▲ = ● ■ − ● = ▲

덧셈식은 가장 큰 수에서 한 수를 빼는 뺄셈식 2개로 나타낼 수 있어요.

🐾 덧셈식을 뺄셈식 2개로 나타내세요.

먼저 가장 큰 수를 찾아 ○표 해 봐요!

①
250 + 500 = ⟨750⟩ ← 가장 큰 수

750 − 250 = 500
750 − 500 = 250

②
420 + 170 = 590

590 − 420 = 170
590 − 170 = 420

③
145 + 230 = 375

375 − 145 = 230
375 − 230 = 145

④
362 + 125 = 487

487 − 362 = 125
487 − 125 = 362

⑤
133 + 258 = 391

391 − 133 = 258
391 − 258 = 133

⑥
459 + 125 = 584

584 − 459 = 125
584 − 125 = 459

⑦
309 + 465 = 774

774 − 309 = 465
774 − 465 = 309

⑧
726 + 187 = 913

913 − 726 = 187
913 − 187 = 726

C ▲ + ● = ■ ● + ▲ = ■

뺄셈식은 작은 두 수를 더하면 가장 큰 수가 되는 덧셈식 2개로 나타낼 수 있어요.

🐾 뺄셈식을 덧셈식 2개로 나타내세요.

먼저 가장 큰 수를 찾아 ○표 해 봐요!

①
⟨600⟩ − 150 = 450 ← 가장 큰 수

150 + 450 = 600
450 + 150 = 600

②
380 − 120 = 260

120 + 260 = 380
260 + 120 = 380

③
510 − 270 = 240

270 + 240 = 510
240 + 270 = 510

④
465 − 234 = 231

234 + 231 = 465
231 + 234 = 465

⑤
537 − 354 = 183

354 + 183 = 537
183 + 354 = 537

⑥
792 − 527 = 265

527 + 265 = 792
265 + 527 = 792

⑦
658 − 274 = 384

274 + 384 = 658
384 + 274 = 658

⑧
875 − 436 = 439

436 + 439 = 875
439 + 436 = 875

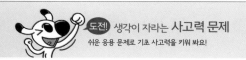 도전! 생각이 자라는 **사고력 문제**
쉬운 응용 문제로 기초 사고력을 키워 봐요!

🐾 △ 안의 수를 이용하여 덧셈식과 뺄셈식을 각각 2개씩 만드세요.

❶

500

325　175

$325 + \boxed{175} = \boxed{500}$
$175 + \boxed{325} = \boxed{500}$
$\boxed{500} - 325 = 175$
$\boxed{500} - \boxed{175} = 325$

작은 두 수의 합이
가장 큰 수가 돼요

❷

387

134　253

$134 + \boxed{253} = \boxed{387}$
$253 + \boxed{134} = \boxed{387}$
$387 - \boxed{134} = \boxed{253}$
$\boxed{387} - \boxed{253} = 134$

가장 큰 수에서 한 수를
빼면 남은 한 수가 돼요

❸

271

152　119

$152 + \boxed{119} = \boxed{271}$
$119 + \boxed{152} = \boxed{271}$
$271 - \boxed{152} = 119$
$\boxed{271} - \boxed{119} = \boxed{152}$

❹

640

426　214

$426 + \boxed{214} = \boxed{640}$
$214 + \boxed{426} = \boxed{640}$
$640 - \boxed{426} = 214$
$\boxed{640} - \boxed{214} = \boxed{426}$

---

02 덧셈과 뺄셈의 관계로 완성하는 식

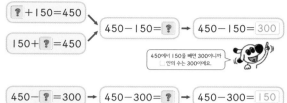

☆ 뺄셈식을 이용해 ☐ 안의 수 구하기

$\boxed{?} + 150 = 450$
$150 + \boxed{?} = 450$
→ $450 - 150 = \boxed{?}$ → $450 - 150 = \boxed{300}$

450에서 150을 빼면 300이니까
☐ 안의 수는 300이에요.

$450 - \boxed{?} = 300$ → $450 - 300 = \boxed{?}$ → $450 - 300 = \boxed{150}$

450에서 300을 빼면 150이니까
☐ 안의 수는 150이에요.

☆ 덧셈식을 이용해 ☐ 안의 수 구하기

$\boxed{?} - 150 = 300$
→ $150 + 300 = \boxed{?}$ → $150 + 300 = \boxed{450}$
→ $300 + 150 = \boxed{?}$ → $300 + 150 = \boxed{450}$

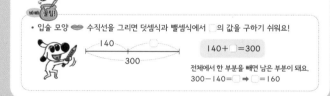

• 입술 모양 👄 수직선을 그리면 덧셈식과 뺄셈식에서 ☐ 의 값을 구하기 쉬워요!

$140 + \boxed{\ } = 300$

전체에서 한 부분을 빼면 남은 부분이 돼요.
$300 - 140 = \boxed{\ }$ → $\boxed{\ } = 160$

Ⓐ 수직선을 보면서 ❓의 값을 구해 봐요.

🐾 ☐ 안에 알맞은 수를 써넣어 ❓의 값을 구하세요.

❶ 200 ── ❓ / 700

$200 + \boxed{?} = 700$
→ $700 - 200 = \boxed{?}, \boxed{?} = \boxed{500}$

뺄셈식을 이용해
풀어 봐요.

❷ ❓ ── 270 / 650

$\boxed{?} + 270 = 650$
→ $650 - \boxed{270} = \boxed{?}, \boxed{?} = \boxed{380}$

❸ 132 ── ❓ / 547

$132 + \boxed{?} = 547$
→ $\boxed{547} - 132 = \boxed{?}, \boxed{?} = \boxed{415}$

❹ 145 ── 323 / ❓

$\boxed{?} - 145 = 323$
→ $145 + \boxed{323} = \boxed{?}, \boxed{?} = \boxed{468}$

덧셈식을 이용해
풀어 봐요.

❺ 250 ── ❓ / 723

$723 - \boxed{?} = 250$
→ $723 - \boxed{250} = \boxed{?}, \boxed{?} = \boxed{473}$

다른 뺄셈식을
이용해요.

Ⓑ ▲+❓=■ ❓+▲=■ / ■-▲=❓ ■-▲=❓
덧셈과 뺄셈의 관계를 이용하여
모르는 값을 맨 오른쪽으로 보내면 돼요.

🐾 ☐ 안에 알맞은 수를 써넣어 ❓의 값을 구하세요.

❶ ┌가장 큰 수
$400 + \boxed{?} = 600$
→ $600 - 400 = \boxed{?}, \boxed{?} = \boxed{200}$

600이 가장 큰 수니까 600에서
400을 빼면 ❓의 값이 나와요.

❷ $\boxed{?} + 260 = 785$
→ $785 - 260 = \boxed{?}, \boxed{?} = \boxed{525}$

❸ $140 + \boxed{?} = 495$
→ $495 - \boxed{140} = \boxed{?}, \boxed{?} = \boxed{355}$

❹ $\boxed{?} + 423 = 576$
→ $576 - \boxed{423} = \boxed{?}, \boxed{?} = \boxed{153}$

❺ $137 + \boxed{?} = 389$
→ $\boxed{389} - 137 = \boxed{?}, \boxed{?} = \boxed{252}$

❻ $\boxed{?} + 234 = 450$
→ $\boxed{450} - 234 = \boxed{?}, \boxed{?} = \boxed{216}$

❼ $385 + \boxed{?} = 516$
→ $\boxed{516} - 385 = \boxed{?}, \boxed{?} = \boxed{131}$

❽ $\boxed{?} + 175 = 762$
→ $\boxed{762} - 175 = \boxed{?}, \boxed{?} = \boxed{587}$

❾ $563 + \boxed{?} = 900$
→ $\boxed{900} - 563 = \boxed{?}, \boxed{?} = \boxed{337}$

❿ $\boxed{?} + 629 = 834$
→ $\boxed{834} - 629 = \boxed{?}, \boxed{?} = \boxed{205}$

덧셈과 뺄셈의 관계를 이용하여
❓의 값을 구해 보세요.

❓−▲=●
●+▲=❓

■−❓=●
■−●=❓

🐾 □ 안에 알맞은 수를 써넣어 ❓의 값을 구하세요.

① ┌가장 큰 수
❓− 300 = 450
➡ 450 + 300 = ❓, ❓= 750

> ❓가 가장 큰 수이니까 두 수를 더하면 ❓의 값이 나와요.

② 510 − ❓ = 302
➡ 510 − 302 = ❓, ❓= 208

> 510이 가장 큰 수이니까 510에서 302를 빼면 ❓의 값이 나와요.

③ ❓− 124 = 363
➡ 363 + 124 = ❓, ❓= 487

④ 576 − ❓ = 254
➡ 576 − 254 = ❓, ❓= 322

⑤ ❓− 347 = 452
➡ 452 + 347 = ❓, ❓= 799

⑥ 408 − ❓ = 175
➡ 408 − 175 = ❓, ❓= 233

⑦ ❓− 384 = 253
➡ 253 + 384 = ❓, ❓= 637
(또는 384+253)

⑧ 832 − ❓ = 326
➡ 832 − 326 = ❓, ❓= 506

⑨ ❓− 459 = 423
➡ 423 + 459 = ❓, ❓= 882
(또는 459+423)

⑩ 912 − ❓ = 648
➡ 912 − 648 = ❓, ❓= 264

야호! 게임처럼 즐기는 **연산 놀이터**
다양한 유형의 문제로 즐겁게 마무리해요.

🐾 ◆의 값과 관계있는 것끼리 선으로 이어 보세요.

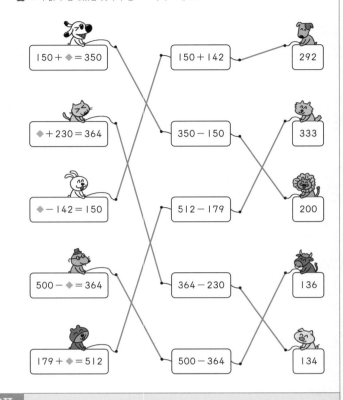

150 + ◆ = 350	150 + 142	292
◆ + 230 = 364	350 − 150	333
◆ − 142 = 150	512 − 179	200
500 − ◆ = 364	364 − 230	136
179 + ◆ = 512	500 − 364	134

---

03 덧셈식과 뺄셈식에서
어떤 수 구하기 집중 연습!

☆ ●에 알맞은 수 구하기

덧셈과 뺄셈 의 관계를 이용하여 ●의 값을 구합니다.

• 150+●=500에서 ●의 값 구하기

150+●=500

500−150=● ➡ ●=350

> 500이 가장 큰 수이니까 500에서 150을 빼면 ●의 값이 나와요.

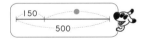

• ●−345=260에서 ●의 값 구하기

●−345=260

260+345=● ➡ ●=605

> ●가 가장 큰 수이니까 260과 345를 더하면 ●의 값이 나와요.

바빠 꿀팁!

• 어떤 수에 더한 것은 빼고, 뺀 것은 더하는 '거꾸로 생각하기' 전략

□+100=300
➡ 300−100=□

'어떤 수에 100을 더하면 300이 된다.'를 계산 결과에서부터 거꾸로 생각하면 '300에서 100을 빼면 어떤 수가 된다.'예요.

□−200=400
➡ 400+200=□

'어떤 수에서 200을 빼면 400이 된다.'를 계산 결과에서부터 거꾸로 생각하면 '400에 200을 더하면 어떤 수가 된다.'예요.

덧셈식을 뺄셈식으로 나타내면 □ 안의 수를 구할 수 있어요.
□ 안의 수를 구하기 힘들다면 아래와 같이 쉬운 수로 생각해 봐요!
4+□=7 ➡ 7−4=□, □=3

🐾 □ 안에 알맞은 수를 써넣으세요.

① 400 + 300 = 700

| 400+□=700 |
| 700−400=□ |

700−400=□, □=300

② 430 + 240 = 670

| □+240=670 |
| 670−240=□ |

670−240=□, □=430

③ 132 + 324 = 456
456−132=□, □=324

④ 253 + 325 = 578
578−325=□, □=253

⑤ 437 + 212 = 649

⑥ 273 + 480 = 753

⑦ 347 + 528 = 875

⑧ 365 + 276 = 641

⑨ 576 + 348 = 924

> 구하려는 나를 오른쪽으로 보내요!

250 + □ = 400

400 − 250 = □

B 뺄셈식을 덧셈식 또는 다른 뺄셈식으로 나타내면 □ 안의 수를 구할 수 있어요.
□ 안의 수를 구하기 힘들다면 아래와 같이 쉬운 수로 생각해 봐요!
□−6=2 ➡ 2+6=□, □=8   6−□=2 ➡ 6−2=□, □=4

😺 □ 안에 알맞은 수를 써넣으세요.

❶ 800 − 600 = 200

　　−600=200
　　200+600

200+600=□, □=800

❷ 575 − 235 = 340

　　575 → 340
　　575−340

575−340=□, □=235

❸ 389 − 263 = 126
126+263=□, □=389

❹ 649 − 214 = 435
649−435=□, □=214

❺ 898 − 382 = 516

❻ 854 − 525 = 329

❼ 914 − 427 = 487

❽ 736 − 472 = 264

❾ 877 − 579 = 298

❿ 962 − 283 = 679

C □ 안의 수를 구한 다음 답이 맞는지 확인하면 실수를 줄일 수 있어요.
□+150=400 ➡ 400−150=□, □=250 확인 250+150=400

😺 □ 안에 알맞은 수를 써넣으세요.

❶ 238 + 240 = 478
478−240=□, □=238

❷ 594 − 364 = 230
230+364=□, □=594

❸ 234 + 345 = 579
579−234=□, □=345

❹ 679 − 331 = 348
679−348=□, □=331

❺ 367 + 327 = 694

❻ 718 − 286 = 432

❼ 597 + 138 = 735

❽ 842 − 463 = 379

❾ 292 + 654 = 946

❿ 935 − 438 = 497

D 어떤 수에 더한 것은 빼고, 뺀 것은 더하면 돼요.
계산 결과에서부터 거꾸로 생각하는
'거꾸로 생각하기' 전략을 기억해요!

😺 □ 안에 알맞은 수를 써넣으세요.

❶ 354 + 122 = 476
476−354=□, □=122

❷ 648 − 434 = 214
648−214=□, □=434

❸ 309 + 429 = 738
738−429=□, □=309

❹ 645 − 263 = 382
382+263=□, □=645

❺ 657 + 185 = 842

❻ 921 − 445 = 476

❼ 614 + 339 = 953

❽ 942 − 158 = 784

❾ 549 + 288 = 837

잘하고 있어요!
□ 안의 수를 구한 다음
답이 맞는지 확인까지 하면
완벽하겠죠?

야호! 게임처럼 즐기는 **연산 놀이터**
다양한 유형의 문제로 즐겁게 마무리해요.

😺 ❓의 값이 적힌 길을 따라가면 보물을 찾을 수 있어요. 빠독이가 가야 할 길을 표시해 보세요.

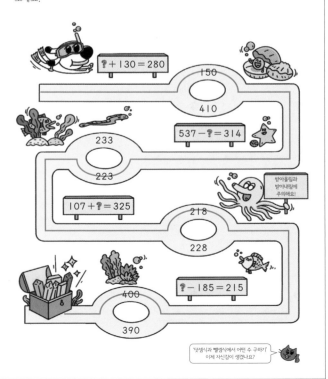

❓+130=280

150
410
537−❓=314
233
223
107+❓=325
218
228
❓−185=215
400
390

받아올림과 받아내림에 주의해요!

'덧셈식과 뺄셈식에서 어떤 수 구하기'
이제 자신감이 생겼나요?

04 각 자리에서 받아올림이 있는지 주의하며 계산해

각 자리에서 계산 결과가 더하는 수(더해지는 수)보다 작으면 받아올림 이 있습니다.

❀ 덧셈식에서 □ 안의 수 구하기

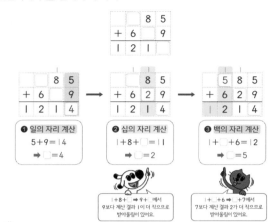

```
    8 5
  +  6 9
  1 2 1
```

```
   □8 5        □8 5        5 8 5
  +6 □9  →   +6 2 9  →   +6 2 9
  1 2 1 4    1 2 1 4     1 2 1 4
```

❶ 일의 자리 계산
5+9=14
➡ □=4

❷ 십의 자리 계산
1+8+□=11
➡ □=2

❸ 백의 자리 계산
1+□+6=12
➡ □=5

1+8+□➡9+□에서 9보다 계산 결과 1이 더 작으므로 받아올림이 있어요.

1+□+6➡□+7에서 7보다 계산 결과 2가 더 작으므로 받아올림이 있어요.

 바빠 꿀팁!
• 각 자리에서 받아올림이 있는지 확인하는 방법

```
  ❸ ❷ ❶
      5 □
  + 8 □
  1 4 7 2
```

❶ 일의 자리 계산: □+9=2 ➡ 받아올림이 있으므로 □+9=12
❷ 십의 자리 계산: 1+5+□=7 ➡ 6+□=7
❸ 백의 자리 계산: □+8=4 ➡ 받아올림이 있으므로 □+8=14
➡ 더하는 수(더해지는 수)와 계산 결과의 같은 자리 수끼리 비교해 보면 받아올림이 있는지 없는지 알 수 있어요.

 A

```
  2 5 7
+ 2 3 6
  4 9 3
```
받아올림에 주의하며 일의 자리부터 차례로 계산해요.

🐾 □ 안에 알맞은 수를 써넣으세요.

❶
```
  1 6 4
+ 4 3 4
  5 9 8
```

❷
```
  4 3 2
+ 2 4 7
  6 7 9
```

받아올림이 없는 경우는 □ 안의 수를 구하기 쉬워요.

받아올림한 수를 작게 쓰고 계산해요!

❸
```
  2 5 7
+ 2 3 6
  4 9 3
```

❹
```
  2 6 2
+ 5 4 2
  8 0 4
```

❺
```
  4 8 3
+ 1 4 6
  6 2 9
```

일의 자리 계산에서 7보다 계산 결과 3이 더 작으므로 받아올림이 있어요.

❻
```
  3 1 5
+ 4 1 9
  7 3 4
```

❼
```
  5 2 8
+ 3 4 4
  8 7 2
```

❽
```
  3 9 2
+ 5 8 3
  9 7 5
```

❾
```
  5 6 7
+ 3 2 4
  8 9 1
```

❿
```
  3 0 8
+ 4 3 6
  7 4 4
```

⓫
```
  8 5 3
+ 5 7 6
1 4 2 9
```

 B
받아올림이 있는지 없는지 헷갈리면 이것만 기억해요.
각 자리에서 계산 결과가 더하는 수(더해지는 수)보다 작으면 받아올림이 있어요.

🐾 □ 안에 알맞은 수를 써넣으세요.

❶
```
  3 3 6
+ 1 5 3
  4 8 9
```

❷
```
  1 7 6
+ 4 8 2
  6 5 8
```

```
    1 7 6
  + 4 8 2
      5 8
```
받아올림한 수를 표시하면서 풀고 있죠?

❸
```
  2 6 5
+ 5 2 7
  7 9 2
```

❹
```
  4 8 7
+ 3 7 2
  8 5 9
```

❺
```
  5 2 6
+ 4 6 8
  9 9 4
```

❻
```
  3 2 9
+ 2 8 5
  6 1 4
```

❼
```
  1 7 6
+ 8 5 9
1 0 3 5
```

❽
```
  3 6 6
+ 9 4 7
1 3 1 3
```

❾
```
  5 8 6
+ 7 5 6
1 3 4 2
```

❿
```
  6 5 9
+ 4 4 4
1 1 0 3
```

⓫
```
  9 7 3
+ 5 4 8
1 5 2 1
```

C
□ 안의 수를 구한 다음 답이 맞는지 확인하면 실수를 줄일 수 있어요.

🐾 □ 안에 알맞은 수를 써넣으세요.

❶
```
  2 1 4
+ 3 9 8
  6 1 2
```

❷
```
  1 8 7
+ 2 4 6
  4 3 3
```

❸
```
  4 7 6
+ 2 7 8
  7 5 4
```

❹
```
  3 6 8
+ 5 3 9
  9 0 7
```

❺
```
  4 7 6
+ 3 6 6
  8 4 2
```

❻
```
  2 4 5
+ 7 5 7
1 0 0 2
```

❼
```
  7 5 3
+ 4 6 8
1 2 2 1
```

❽
```
  5 6 9
+ 6 3 4
1 2 0 3
```

❾
```
  6 8 3
+ 8 4 9
1 5 3 2
```

❿
```
  8 6 7
+ 4 9 8
1 3 6 5
```

⓫
```
  7 8 6
+ 6 5 7
1 4 4 3
```

받아올림한 바로 윗자리 수는 1이 커진다는 것을 기억해요!

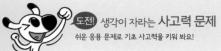 도전! 생각이 자라는 사고력 문제
쉬운 응용 문제로 기초 사고력을 키워 봐요!

🐾 같은 모양은 같은 숫자를 나타냅니다. 각 모양에 알맞은 숫자를 구하세요.

1
```
  ■ ■ ■
+ ■ ■ ■
─────────
  6 6 6
```
➡ ■ = 3
■ + ■ = 6 ➡ ■ = 3

2
```
    ▲ ▲ ▲
+   ▲ ▲ ▲
──────────
  1 1 1 0
```
➡ ▲ = 5
▲ + ▲ = 10 ➡ ▲ = 5

받아올림이 있으니까 ▲ + ▲ = 10을 생각해요.

3
```
    ● ● ●
+   ● ● ●
──────────
  1 5 5 4
```
➡ ● = 7
● + ● = 14 ➡ ● = 7

4
```
    ★ ★ ★
+   ★ ★ ★
──────────
  1 7 7 6
```
➡ ★ = 8
★ + ★ = 16 ➡ ★ = 8

5
```
    ◆ ◆ ◆
+   ◆ ◆ ◆
──────────
  1 9 9 8
```
➡ ◆ = 9
◆ + ◆ = 18 ➡ ◆ = 9

6
```
    ■ ■ ■
+   ▲ ▲ ▲
──────────
  ▲ ▲ ▲ 0
```
➡ ■ = 9 , ▲ = 1
천의 자리로 받아올림이 있으므로
▲ = 1입니다.
■ + ▲ = 10, ■ + 1 = 10,
10 - 1 = ■, ■ = 9

천의 자리로 받아올림하는 수는 1이니까 ▲는 1이 돼요.

---

 05 각 자리에서 받아내림이 있는지 주의하며 계산해

🐾 각 자리에서 계산 결과가 빼지는 수보다 크면 [받아내림] 이 있습니다.

⊙ 뺄셈식에서 ☐ 안의 수 구하기

```
    ☐ 4 3
  -   3 7
  ─────────
      2 ☐ 5
```

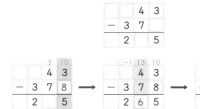

❶ 일의 자리 계산
10 + 3 - ☐ = 5
➡ ☐ = 8

빼지는 수 3보다 계산 결과 5가 더 크므로 받아내림이 있어요.

❷ 십의 자리 계산
13 - 7 = ☐
➡ ☐ = 6

일의 자리로 받아내림하고 남은 수 3에서 7을 뺄 수 없으므로 백의 자리에서 10을 받아내림하여 계산해요.

❸ 백의 자리 계산
☐ - 1 - 3 = 2
➡ ☐ = 6

바빠 꿀팁!
• 각 자리에서 받아내림이 있는지 확인하는 방법
```
  6 3 ☐
- 4 ☐ 6
─────────
  ☐ 8 7
```

❶ 일의 자리 계산: ☐ - 6 = 7 ➡ 받아내림이 있으므로 10 + ☐ - 6 = 7
❷ 십의 자리 계산: 2 - ☐ = 8 ➡ 받아내림이 있으므로 12 - ☐ = 8
❸ 백의 자리 계산: 십의 자리로 받아내림했으므로 5 - 4 = 1
➡ 빼지는 수와 계산 결과의 같은 자리 수끼리 비교해 보면 받아내림이 있는지 없는지 알 수 있어요.

```
    7 10
  4 8 2
- 3 3 5
─────────
  1 4 7
```
받아내림에 주의하며 일의 자리부터 차례로 계산해요.

🐾 ☐ 안에 알맞은 수를 써넣으세요.

1
```
  3 9 7
- 2 4 3
─────────
  1 5 4
```

2
```
  5 8 9
- 1 6 2
─────────
  4 2 7
```

받아내림이 없는 경우는 ☐ 안의 수를 구하기 쉬워요.

받아내림한 수를 작게 쓰고 계산해요!

3
```
    7 10
  4 8 2
- 3 3 5
─────────
  1 4 7
```
일의 자리 계산에서 빼지는 수 2보다 계산 결과 7이 더 크므로 받아내림이 있어요.

4
```
    6 10
  7 1 7
- 4 2 3
─────────
  2 9 4
```

5
```
    5 10
  6 2 9
- 2 5 6
─────────
  3 7 3
```

6
```
    6 10
  7 4 9
- 3 8 7
─────────
  3 6 2
```

7
```
    3 10
  5 4 2
- 2 3 8
─────────
  3 0 4
```

8
```
    6 10
  7 3 9
- 4 9 4
─────────
  2 4 5
```

9
```
    5 10
  9 6 0
- 4 3 8
─────────
  5 2 2
```

10
```
    6 10
  9 7 2
- 3 4 5
─────────
  6 2 7
```

11
```
    5 10
  8 6 7
- 4 5 8
─────────
  4 0 9
```

받아내림이 있는지 없는지 헷갈리면 이것만 기억해요.
각 자리에서 계산 결과가 빼지는 수보다 크면 받아내림이 있어요.

🐾 ☐ 안에 알맞은 수를 써넣으세요.

1
```
  6 8 9
- 2 3 7
─────────
  4 5 2
```

2
```
    3 10
  4 0 8
- 2 3 5
─────────
  1 7 3
```
```
    3 10
  4 0 8
- 2 3 5
─────────
  1 7 3
```
받아내림한 수를 표시하면서 풀고 있죠?

3
```
    7 10
  6 8 3
- 1 7 5
─────────
  5 0 8
```

4
```
    4 10
  5 4 6
- 2 9 4
─────────
  2 5 2
```

5
```
    7 10
  7 8 1
- 5 4 6
─────────
  2 3 5
```

6
```
  8 13 10
  9 4 1
- 5 8 9
─────────
  3 5 2
```

7
```
    5 11 10
  6 2 3
- 3 7 4
─────────
  2 4 9
```

8
```
    7 12 10
  8 3 0
- 6 4 3
─────────
  1 8 7
```

9
```
  6 11 10
  7 2 4
- 2 4 9
─────────
  4 7 5
```

10
```
  7 15 10
  8 6 0
- 2 7 8
─────────
  5 8 2
```

11
```
  8 10 10
  9 1 3
- 2 5 6
─────────
  6 5 7
```

□ 안의 수를 구한 다음 답이 맞는지 확인하면 실수를 줄일 수 있어요.

😺 도전! 생각이 자라는 **사고력 문제**
쉬운 응용 문제로 기초 사고력을 키워 봐요!

🐾 □ 안에 알맞은 수를 써넣으세요.

❶
```
    6 10
  5 7 0
- 2 2 5
  3 4 5
```

❷
```
  5 10 10
  6 1 3
- 4 7 6
  1 3 7
```

❸
```
  7 12 10
  8 3 4
- 3 5 9
  4 7 5
```

❹
```
  6 11 10
  7 2 7
- 4 6 8
  2 5 9
```

❺
```
  5 13 10
  6 4 0
- 4 4 2
  1 9 8
```

❻
```
  2 15 10
  3 6 4
- 1 7 9
  1 8 5
```

❼
```
  8 9 10
  9 0 3
- 7 4 6
  1 5 7
```

❽
```
  7 15 10
  8 6 5
- 2 9 8
  5 6 7
```

❾
```
  4 12 10
  5 3 2
- 2 6 4
  2 6 8
```

❿
```
  6 10 10
  7 1 2
- 3 8 3
  3 2 9
```

⓫
```
  8 12 10
  9 3 2
- 2 5 7
  6 7 5
```

받아내림한 바로 윗자리 수는 1이 작아진다는 것을 기억해요!

🐾 같은 모양은 같은 숫자를 나타냅니다. 각 모양에 알맞은 숫자를 구하세요. (단, ●는 ▲보다 큰 수입니다.)

❶

받아내림이 있으니까 백의 자리 계산에서 ▲-1=0을 생각해요.

●가 ▲보다 큰 수니까 십의 자리, 백의 자리에서 받아내림이 있어요.

➡ ▲ = 1, ● = 9
백의 자리 계산: ▲-1=0, ▲=1
일의 자리 계산: 10+1-●=2, 11-2=●, ●=9

❷

```
  ▲ ▲ ▲
-   ● ●
  1 5 6
```
➡ ▲ = 2, ● = 6
백의 자리 계산: ▲-1=1, ▲=2
일의 자리 계산: 10+2-●=6, 12-6=●, ●=6

❸
```
  ▲ ▲ ▲
-   ● ●
  2 7 8
```
➡ ▲ = 3, ● = 5
백의 자리 계산: ▲-1=2, ▲=3
일의 자리 계산: 10+3-●=8, 13-8=●, ●=5

❹

```
  ▲ ▲ ▲
-   ● ●
  4 6 7
```
➡ ▲ = 5, ● = 8
백의 자리 계산: ▲-1=4, ▲=5
일의 자리 계산: 10+5-●=7, 15-7=●, ●=8

❺

```
  ▲ ▲ ▲
-   ● ●
  7 8 9
```
➡ ▲ = 8, ● = 9
백의 자리 계산: ▲-1=7, ▲=8
일의 자리 계산: 10+8-●=9, 18-9=●, ●=9

 **06** 모르는 수가 2개면 알 수 있는 것부터 차례로 구해

■+?=★   ?+■=★
■-■=?   ★-■=?

☆ ●와 ▲에 알맞은 수 구하기

●+140=520
430+●=▲

1단계 모르는 수가 1개인 식 먼저 계산합니다.

●+140=520
520-140=●
➡ ●=380

2단계 구한 수를 이용하여 나머지 수를 구합니다.

430+●=▲
430+380=▲
➡ ▲=810

●=380이므로 ● 대신 380을 넣어요.

3단계 답이 맞는지 확인합니다.

380+140=520
430+380=810

어떤 수를 구한 다음 답이 맞는지 확인까지 하면 완벽하겠죠?

바빠 꿀팁

• =(등호)를 기준으로 기호를 바꿔요.

●+■=▲   ●-■=▲
●=▲-■   ●=▲+■

➡ =(등호)의 반대쪽으로 이동할 때, +■는 -■가 되고 -■는 +■가 돼요.

🐾 ●와 ▲에 알맞은 수를 각각 구하세요.

❶
●+150=400   400-150=●
132+●=▲

모르는 수가 1개인 덧셈식을 뺄셈식으로 나타내 ●의 값을 먼저 구해 봐요.

●: 250   ▲: 382
●+150=400, 400-150=●, ●=250
132+250=▲, ▲=382

❷
245+●=490
●+324=▲

●: 245   ▲: 569
245+●=490, 490-245=●, ●=245
245+324=▲, ▲=569

❸
125+●=267
255-●=▲

●: 142   ▲: 113
125+●=267, 267-125=●, ●=142
255-142=▲, ▲=113

❹
●+362=590
654+●=▲

●: 228   ▲: 882

❺
306+●=423
475-●=▲

●: 117   ▲: 358

❻
329+●=541
●+572=▲

●: 212   ▲: 784

❼
493+●=746
830-●=▲

●: 253   ▲: 577

> B
?-■=★
■-?=★
★+?=?
■-★=?

🐾 ●와 ▲에 알맞은 수를 각각 구하세요.

①
600-●=350
780-●=▲

●: 250 , ▲: 530
600-●=350, 600-350=●, ●=250
780-250=▲, ▲=530

모르는 수가 1개인 뺄셈식을 덧셈식 또는 다른 뺄셈식으로 나타내 ●의 값을 먼저 구해 봐요.

②
497-●=134
●-251=▲

●: 363 , ▲: 112
497-●=134, 497-134=●, ●=363
363-251=▲, ▲=112

③
●-265=213
320+●=▲

●: 478 , ▲: 798
●-265=213, 213+265=●, ●=478
320+478=▲, ▲=798

④
●-375=245
702-●=▲

●: 620 , ▲: 82

⑤
546-●=352
●+265=▲

●: 194 , ▲: 459

⑥
●-346=495
●-684=▲

●: 841 , ▲: 157

⑦
614-●=328
426+●=▲

●: 286 , ▲: 712

C
모르는 수가 한 개인 식부터 시작하면 돼요.
●와 ▲에 알맞은 수를 구한 다음 답이 맞는지 확인하는 습관을 길러 보세요!

🐾 ●와 ▲에 알맞은 수를 각각 구하세요.

①
400+●=850
●+▲=560

●: 450 , ▲: 110
400+●=850, 850-400=●, ●=450
450+▲=560, 560-450=▲, ▲=110

②
●+120=740
●-▲=200

●: 620 , ▲: 420
●+120=740, 740-120=●, ●=620
620-▲=200, 620-200=▲, ▲=420

③
567-●=125
●-▲=312

●: 442 , ▲: 130
567-●=125, 567-125=●, ●=442
442-▲=312, 442-312=▲, ▲=130

④
●-124=232
●+▲=658

●: 356 , ▲: 302
●-124=232, 232+124=●, ●=356
356+▲=658, 658-356=▲, ▲=302

⑤
348+●=654
●+▲=735

●: 306 , ▲: 429

⑥
●+168=645
●-▲=291

●: 477 , ▲: 186

⑦
734-●=382
●-▲=195

●: 352 , ▲: 157

⑧
●-537=193
●+▲=914

●: 730 , ▲: 184

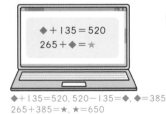

야호! 게임처럼 즐기는 연산 놀이터
다양한 유형의 문제로 즐겁게 마무리해요.

섞어 연습하기
07 덧셈식과 뺄셈식에서 어떤 수 구하기 종합 문제

🐾 노트북을 켜려면 비밀번호를 알아야 합니다. 비밀번호 의 힌트가 다음과 같을 때 모르는 두 기호의 값을 차례로 이어 쓰면 비밀번호입니다. 빈칸에 알맞은 수를 써넣으세요.

비밀번호
◆ ➡ 앞자리 숫자
★ ➡ 뒷자리 숫자

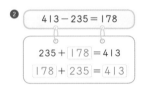

◆+135=520
265+◆=★

3 8 5 6 5 0

◆+135=520, 520-135=◆, ◆=385
265+385=★, ★=650

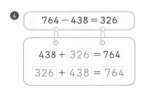

812-◆=247
◆-359=★

5 6 5 2 0 6

812-◆=247, 812-247=◆, ◆=565
565-359=★, ★=206

🐾 덧셈식은 뺄셈식 2개로, 뺄셈식은 덧셈식 2개로 나타내세요.

①
215+354=569
569-215=354
569-354=215

②
413-235=178
235+178=413
178+235=413

③
325+547=872
872-325=547
872-547=325

④
764-438=326
438+326=764
326+438=764

🐾 ☐ 안에 알맞은 수를 써넣어 ?의 값을 구하세요.

⑤ 236+?=659
➡ 659- 236 =?, ?= 423

⑥ ?-412=376
➡ 376+ 412 =?, ?= 788

⑦ ?+384=705
➡ 705- 384 =?, ?= 321

⑧ 846-?=673
➡ 846- 673 =?, ?= 173

❖ ☐ 안에 알맞은 수를 써넣으세요.

❶ 263 + │421│ = 684
   684 - 263 = ☐, ☐ = 421

❷ │698│ - 357 = 341
   341 + 357 = ☐, ☐ = 698

❸ │281│ + 427 = 708
   708 - 427 = ☐, ☐ = 281

❹ 542 - │304│ = 238
   542 - 238 = ☐, ☐ = 304

❺ 453 + │379│ = 832

❻ │901│ - 574 = 327

❼ │361│ + 387 = 748

❽ 652 - │278│ = 374

❾ 596 + │369│ = 965

❿ │927│ - 738 = 189

❖ ☐ 안에 알맞은 수를 써넣으세요.

> 받아올림하거나 받아내림한 수를 작게 쓰고 계산해요!

❶
```
    3 5 2
  + 1 3 7
  ─────────
    4 8 9
```

❷
```
    4 6 7
  + 2 2 8
  ─────────
    6 9 5
```

❸
```
    6 8 3
  + 7 6 9
  ─────────
  1 4 5 2
```

❹
```
    7 9 8
  - 4 5 2
  ─────────
    3 4 6
```

❺
```
      3 10
    9 4 6
  - 4 1 7
  ─────────
    5 2 9
```

❻
```
   7 10 10
    8 1 2
  - 3 9 5
  ─────────
    4 1 7
```

❖ ●와 ▲에 알맞은 수를 각각 구하세요.

❼
┌─────────────────┐
│ 340 + ● = 570   │
│ ● + ▲ = 710   │
└─────────────────┘
●: 230 , ▲: 480
340 + ● = 570, 570 - 340 = ●, ● = 230
230 + ▲ = 710, 710 - 230 = ▲, ▲ = 480

❽
┌─────────────────┐
│ ● + 215 = 637   │
│ ● - ▲ = 302   │
└─────────────────┘
●: 422 , ▲: 120
● + 215 = 637, 637 - 215 = ●, ● = 422
422 - ▲ = 302, 422 - 302 = ▲, ▲ = 120

❾
┌─────────────────┐
│ 846 - ● = 360   │
│ ● - ▲ = 237   │
└─────────────────┘
●: 486 , ▲: 249
846 - ● = 360, 846 - 360 = ●, ● = 486
486 - ▲ = 237, 486 - 237 = ▲, ▲ = 249

❿
┌─────────────────┐
│ ● - 187 = 492   │
│ ● + ▲ = 983   │
└─────────────────┘
●: 679 , ▲: 304
● - 187 = 492, 492 + 187 = ●, ● = 679
679 + ▲ = 983, 983 - 679 = ▲, ▲ = 304

야호! 게임처럼 즐기는 연산 놀이터
다양한 유형의 문제로 즐겁게 마무리해요.

활용 문장제
**08 모르는 수를 ☐로 써서
덧셈식 또는 뺄셈식을 세워**

❖ 사다리 타기 놀이를 하고 있습니다. ☐ 안에 알맞은 수를 사다리로 연결된 고양이에게 써넣으세요.

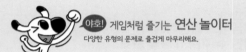

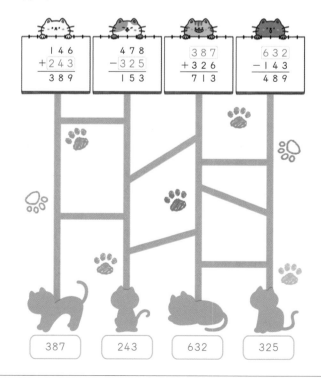

[387]   [243]   [632]   [325]

◎ 어떤 수 구하기 문장제

구슬이 367개 있습니다. 이 중 215개를 덜어냈다가 몇 개를 다시 넣었더니 구슬이 260개가 되었습니다. 다시 넣은 구슬은 몇 개일까요?

1단계 문장을 /로 끊어 읽고 조건을 수와 연산 기호로 나타냅니다.

구슬이 367개 있습니다. / ➡ 367

이 중 215개를 덜어냈다가 / ➡ -215
                              -215

몇 개를 다시 넣었더니 / ➡ +☐
                          +☐

구슬이 260개가 되었습니다. / ➡ =260
                              =260

다시 넣은 구슬은 몇 개일까요?

2단계 하나의 식으로 나타냅니다.

367 ⊖ 215 ⊕ ☐ ⊜ 260

> 다시 넣은 구슬 수를 모르니까 ☐개라 하고 식으로 나타내면 돼요.

3단계 계산할 수 있는 부분을 먼저 계산하여 ☐ 안의 수를 구합니다.

367 - 215 + ☐ = 260
     ❶ 152
        ❷

152 + ☐ = 260, 260 - 152 = ☐, ☐ = 108

➡ 다시 넣은 구슬 수: │108│ 개
> 답에 단위를 쓰는 것도 잊지 마요!

A 어떤 수를 □라 하여 덧셈식 또는 뺄셈식으로 나타내고 □를 구하면 돼요.

🐾 □를 사용하여 하나의 식으로 나타내어 답을 구하세요.

❶ 어떤 수에서 126을 뺐더니 230이 되었습니다. 어떤 수는 얼마일까요?

식 □−126=230

230+126=□, □=356

답 356

• 어떤 수에서 ➡ □
• 126을 뺐더니 ➡ −126
• 230이 되었다 ➡ =230

어떤 수
□−126=230

어떤 수를 □라 하는 게 핵심이에요

❷ 342에 어떤 수를 더했더니 457이 되었습니다. 어떤 수는 얼마일까요?

식 342+□=457

457−342=□, □=115

답 115

❸ 어떤 수에 324를 더했더니 764가 되었습니다. 어떤 수는 얼마일까요?

식 □+324=764

764−324=□, □=440

답 440

❹ 682에서 어떤 수를 뺐더니 439가 되었습니다. 어떤 수는 얼마일까요?

식 682−□=439

682−439=□, □=243

답 243

B 모르는 수를 □라 하여 덧셈식 또는 뺄셈식으로 나타내고 □를 구하면 돼요.

🐾 □를 사용하여 하나의 식으로 나타내어 답을 구하세요.

❶ 귤이 368개 있습니다. 그중 몇 개를 먹었더니 귤이 136개 남았습니다. 먹은 귤은 몇 개일까요?

식 368−□=136

368−136=□, □=232

답 232 개

단위를 꼭 써요!

• 귤이 368개 있다 ➡ 368
• 몇 개를 먹었더니 ➡ −□
• 136개 남았다 ➡ =136

먹은 귤의 수를 모르니까 □라 하고 식으로 나타내면 돼요.

❷ 학교 축제를 위해 음료수를 216병 준비했습니다. 오늘 몇 병 더 사 와서 408병이 되었다면 오늘 사 온 음료수는 몇 병일까요?

식 216+□=408

408−216=□, □=192

답 192병

❸ 리본이 823 cm 있습니다. 은서가 선물을 포장하는 데 리본 몇 cm를 사용했더니 365 cm가 남았습니다. 은서가 사용한 리본의 길이는 몇 cm일까요?

식 823−□=365

823−365=□, □=458

답 458 cm

C 세 수의 덧셈과 세 수의 뺄셈은 앞에서부터 차례로 계산해요.

🐾 □를 사용하여 하나의 식으로 나타내어 답을 구하세요.

❶ 학급 문고에 책이 548권 있습니다. 어제 132권을 빌려가고, 오늘 몇 권을 빌려갔더니 책이 286권 남았습니다. 오늘 학급 문고에서 빌려간 책은 몇 권일까요?

식 548 − 132 − □ = 286
①416

답 130 권

416−□=286, 416−286=□, □=130

단위를 꼭 써요!

• 책이 548권 있다 ➡ 548
• 어제 132권을 빌려가고 ➡ −132
• 오늘 몇 권을 빌려갔더니 ➡ −□
• 286권 남았다 ➡ =286

식으로 나타낸 다음 계산할 수 있는 부분을 먼저 계산해요.

❷ 유리병 안에 종이학이 135마리 있습니다. 빨간색 종이학 156마리와 파란색 종이학 몇 마리를 더 접어 넣었더니 340마리가 되었습니다. 더 접어 넣은 파란색 종이학은 몇 마리일까요?

식 135+156+□=340
①

답 49마리

291+□=340, 340−291=□, □=49

❸ 놀이 공원에 입장하기 위해 346명이 줄을 서 있습니다. 1차로 128명이 입장하고, 2차로 몇 명이 더 입장했더니 줄을 서 있는 사람이 182명이 되었습니다. 2차로 입장한 사람은 몇 명일까요?

식 346−128−□=182
① ②

218−□=182, 218−182=□, □=36

답 36명

D 덧셈과 뺄셈이 섞여 있는 식은 앞에서부터 차례로 계산해요.

🐾 □를 사용하여 하나의 식으로 나타내어 답을 구하세요.

❶ 기차에 273명이 타고 있습니다. 이번 역에서 117명이 내리고, 몇 명이 더 타서 160명이 되었습니다. 이번 역에서 탄 사람은 몇 명일까요?

식 273 − 117 + □ = 160
①156

답 4명

156+□=160, 160−156=□, □=4

• 기차에 273명이 타고 있다 ➡ 273
• 117명이 내리고 ➡ −117
• 몇 명이 더 타서 ➡ +□
• 160명이 되었다 ➡ =160

내린 사람은 빼고, 탄 사람은 더해요!

❷ 운동장에 학생들이 428명 있습니다. 167명이 운동장으로 더 들어오고, 몇 명이 빠져나갔더니 335명이 되었습니다. 운동장을 빠져나간 학생은 몇 명일까요?

식 428+167−□=335
①

595−□=335, 595−335=□, □=260

답 260명

❸ 상자에 구슬이 352개 들어 있습니다. 그중 185개를 덜어 냈다가 몇 개를 다시 넣었더니 236개가 되었습니다. 다시 넣은 구슬은 몇 개일까요?

식 352−185+□=236
① ②

167+□=236, 236−167=□, □=69

답 69개

바르게 계산한 값을 구하려면 식을 두 번 세워야 해요.
어떤 수를 □라 하고 잘못된 식을 세워 어떤 수를 구한 다음
바른 식을 세워 값을 구해요.

🐾 □를 사용하여 하나의 식으로 나타내어 답을 구하세요.

① 349에서 어떤 수를 빼야 할 것을 잘못하여 더했더니 564가
되었습니다. 바르게 계산한 값은 얼마일까요?

잘못된 식 349 ⊕ □ = 564

바른 식 349 ⊖ 215 = 134

잘못된 식에서 구한
어떤 수의 값을 쓰세요.   답   134

잘못된 식: 349+□=564, 564−349=□, □=215
바른 식: 349−215=134

② 어떤 수에 287을 더해야 할 것을 잘못하여 뺐더니 293이
되었습니다. 바르게 계산한 값은 얼마일까요?

잘못된 식 □−287=293

바른 식 580+287=867

답   867

잘못된 식: □−287=293, 293+287=□, □=580
바른 식: 580+287=867

③ 674에 어떤 수를 더해야 할 것을 잘못하여 뺐더니 438이
되었습니다. 바르게 계산한 값은 얼마일까요?

잘못된 식 674−□=438

바른 식 674+236=910

답   910

잘못된 식: 674−□=438, 674−438=□, □=236
바른 식: 674+236=910

[문제 푸는 순서]

□를 사용하여
잘못된 식 세우기
↓
어떤 수 구하기
↓
바르게 계산한 값 구하기

어떤 수만 구하고
멈추면 안 되겠죠?
바르게 계산한 값까지
구해야 해요.

첫째 마당까지
다 풀다니~
정말 멋져요!

=(등호)는 수평인 저울처럼
양쪽의 값이 같다는 뜻이에요.

150 + □ = 500

덧셈식과 뺄셈식에서
어떤 수 구하기는~

입술 모양 수직선을
그리면 쉽게 해결~!

---

09 곱셈과 나눗셈도 아주 친한 관계!

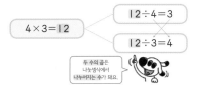

곱셈식 4×3=12, 3×4=12
4개씩 3묶음은 12개   3개씩 4묶음은 12개

나눗셈식 12÷4=3, 12÷3=4
12개를 4씩   12개를 3씩
묶으면 3묶음   묶으면 4묶음

☆ 곱셈식을 나눗셈식 2개로 나타내기

4×3=12 → 12÷4=3
          12÷3=4

두 수의 곱은
나눗셈식에서
나누어지는 수가 돼요.

☆ 나눗셈식을 곱셈식 2개로 나타내기

12÷4=3 → 4×3=12
          3×4=12

나누어지는 수는
곱셈식에서
두 수의 곱이 돼요.

바빠 꿀팁

• 곱셈에서는 곱하는 두 수의 순서를 바꾸어도 그 곱은 항상 같아요.

○ × □ = □ × ○

몇 개씩 몇 묶음인지 그림 위에 묶음 표시를 하면
곱셈과 나눗셈의 관계를 이해하기 쉬워요.

🐾 그림을 보고 알맞은 곱셈식 2개와 나눗셈식 2개를 쓰세요.

①

5 × 3 = 15
3 × 5 = 15
15 ÷ 5 = 3
15 ÷ 3 = 5

■개씩 ●묶음을
곱셈식으로 쓰고,
곱셈식을 나눗셈식으로
나타내요.

몇 개씩 몇 묶음인지
직접 묶어 봐요!

5통씩 3묶음은 15통 ➡ 5×3=15 〈 15÷5=3
                              15÷3=5

3통씩 5묶음은 15통 ➡ 3×5=15 〈 15÷5=5
                              15÷5=3

②

7 × 5 = 35
5 × 7 = 35
35 ÷ 7 = 5
35 ÷ 5 = 7

③

6 × 4 = 24
4 × 6 = 24
24 ÷ 6 = 4
24 ÷ 4 = 6

> B

△ × ● = ■
■ ÷ △ = ●
■ ÷ ● = △

곱셈식은 곱에서 한 수를 나누는
나눗셈식 2개로 나타낼 수 있어요.

△ × ● = ■
■ ÷ △ = ●
● × △ = ■

나눗셈식은 나누어지는 수가 곱이 되는
곱셈식 2개로 나타낼 수 있어요.

🐾 곱셈식을 나눗셈식 2개로 나타내세요.

먼저 두 수의 곱을 찾아 ○표 해 봐요!

① 두 수의 곱
2 × 6 = ⑫
12 ÷ 2 = 6
12 ÷ 6 = 2

② 9 × 3 = 27
27 ÷ 9 = 3
27 ÷ 3 = 9

③ 4 × 7 = 28
28 ÷ 4 = 7
28 ÷ 7 = 4

④ 8 × 4 = 32
32 ÷ 8 = 4
32 ÷ 4 = 8

⑤ 6 × 9 = 54
54 ÷ 6 = 9
54 ÷ 9 = 6

⑥ 7 × 8 = 56
56 ÷ 7 = 8
56 ÷ 8 = 7

⑦ 12 × 4 = 48
48 ÷ 12 = 4
48 ÷ 4 = 12

⑧ 5 × 14 = 70
70 ÷ 5 = 14
70 ÷ 14 = 5

🐾 나눗셈식을 곱셈식 2개로 나타내세요.

먼저 나누어지는 수를 찾아 ○표 해 봐요!

① 나누어지는 수
⑯ ÷ 2 = 8
2 × 8 = 16
8 × 2 = 16

② 21 ÷ 3 = 7
3 × 7 = 21
7 × 3 = 21

③ 24 ÷ 4 = 6
4 × 6 = 24
6 × 4 = 24

④ 36 ÷ 9 = 4
9 × 4 = 36
4 × 9 = 36

⑤ 45 ÷ 5 = 9
5 × 9 = 45
9 × 5 = 45

⑥ 48 ÷ 6 = 8
6 × 8 = 48
8 × 6 = 48

⑦ 54 ÷ 3 = 18
3 × 18 = 54
18 × 3 = 54

⑧ 72 ÷ 12 = 6
12 × 6 = 72
6 × 12 = 72

도전! 생각이 자라는 사고력 문제
쉬운 응용 문제로 기초 사고력을 키워 봐요!

🐾 △ 안의 수를 이용하여 곱셈식과 나눗셈식을 각각 2개씩 만드세요.

①
42
6   7

6 × 7 = 42
7 × 6 = 42
42 ÷ 6 = 7
42 ÷ 7 = 6

작은 두 수의 곱이 큰 수가 돼요.

②
40
8   5

8 × 5 = 40
5 × 8 = 40
40 ÷ 8 = 5
40 ÷ 5 = 8

큰 수에서 한 수를 나누면 남은 한 수가 돼요.

③
72
9   8

9 × 8 = 72
8 × 9 = 72
72 ÷ 9 = 8
72 ÷ 8 = 9

④
64
4   16

4 × 16 = 64
16 × 4 = 64
64 ÷ 4 = 16
64 ÷ 16 = 4

10 곱셈과 나눗셈의 관계로 완성하는 식

☆ 나눗셈식을 이용해 ☐ 안의 수 구하기

? × 7 = 56
7 × ? = 56
→ 56 ÷ 7 = ? → 56 ÷ 7 = 8

두 수의 곱을 구하는 한 수로 나누면 다른 수가 나와요.

56 ÷ ? = 8 → 56 ÷ 8 = ? → 56 ÷ 8 = 7

나누어떨어지는 나눗셈에서 나누어지는 수를 몫으로 나누면 나누는 수가 나와요.

☆ 곱셈식을 이용해 ☐ 안의 수 구하기

? ÷ 7 = 8
→ 7 × 8 = ? → 7 × 8 = 56
→ 8 × 7 = ? → 8 × 7 = 56

바빠 꿀팁!
• 무당벌레 모양 🐞 을 그리면 곱셈식과 나눗셈식에서 ☐ 의 값을 구하기 쉬워요!

❶ 아래 두 수를 곱하면 위의 수가 돼요.
☐ × 3 = 12 ➡ 12 ÷ 3 = ☐, ☐ = 4
❷ 위의 수를 아래의 한 수로 나누면 남은 수가 돼요.
12 ÷ ☐ = 3 ➡ 12 ÷ 3 = ☐, ☐ = 4

A 곱셈과 나눗셈의 관계 그림을 보면서 ❓의 값을 구해 봐요.

🐾 ☐ 안에 알맞은 수를 써넣어 ❓의 값을 구하세요.

①

$9 \times ❓ = 36$
➡ $36 \div 9 = ❓, ❓ = \boxed{4}$
> 나눗셈식을 이용해 풀어 봐요.

②

$❓ \times 6 = 72$
➡ $72 \div \boxed{6} = ❓, ❓ = \boxed{12}$

③

$15 \times ❓ = 120$
➡ $\boxed{120} \div 15 = ❓, ❓ = \boxed{8}$

④

$❓ \div 13 = 7$
➡ $13 \times \boxed{7} = ❓, ❓ = \boxed{91}$
> 곱셈식을 이용해 풀어 봐요.

⑤

$275 \div ❓ = 11$
➡ $\boxed{275} \div 11 = ❓, ❓ = \boxed{25}$
> 다른 나눗셈식을 이용해요.

 **B** 곱셈과 나눗셈의 관계를 이용하여 모르는 값을 맨 오른쪽으로 보내면 돼요.

🐾 ☐ 안에 알맞은 수를 써넣어 ❓의 값을 구하세요.

① $8 \times ❓ = 72$ ← 두 수의 곱
➡ $72 \div 8 = ❓, ❓ = \boxed{9}$
> 두 수의 곱 72를 8로 나누면 ❓의 값이 나와요.

② $❓ \times 4 = 64$
➡ $64 \div 4 = ❓, ❓ = \boxed{16}$

③ $7 \times ❓ = 84$
➡ $84 \div \boxed{7} = ❓, ❓ = \boxed{12}$

④ $❓ \times 9 = 126$
➡ $126 \div 9 = ❓, ❓ = \boxed{14}$

⑤ $15 \times ❓ = 135$
➡ $\boxed{135} \div 15 = ❓, ❓ = \boxed{9}$

⑥ $❓ \times 14 = 112$
➡ $\boxed{112} \div 14 = ❓, ❓ = \boxed{8}$

⑦ $12 \times ❓ = 228$
➡ $\boxed{228} \div \boxed{12} = ❓, ❓ = \boxed{19}$

⑧ $❓ \times 25 = 325$
➡ $\boxed{325} \div \boxed{25} = ❓, ❓ = \boxed{13}$

⑨ $34 \times ❓ = 510$
➡ $\boxed{510} \div \boxed{34} = ❓, ❓ = \boxed{15}$

⑩ $❓ \times 41 = 738$
➡ $\boxed{738} \div \boxed{41} = ❓, ❓ = \boxed{18}$

 C 곱셈과 나눗셈의 관계를 이용하여 ❓의 값을 구해 보세요.

🐾 ☐ 안에 알맞은 수를 써넣어 ❓의 값을 구하세요.

① $❓ \div 6 = 9$ ← 나누어지는 수
➡ $6 \times 9 = ❓, ❓ = \boxed{54}$
> 나누는 수와 몫을 곱하면 나누어지는 수 ❓의 값이 나와요.

② $56 \div ❓ = 7$
➡ $56 \div 7 = ❓, ❓ = \boxed{8}$
> 나누어지는 수를 몫으로 나누면 나누는 수 ❓가 나와요.

③ $❓ \div 8 = 12$
➡ $8 \times \boxed{12} = ❓, ❓ = \boxed{96}$

④ $81 \div ❓ = 27$
➡ $81 \div \boxed{27} = ❓, ❓ = \boxed{3}$

⑤ $❓ \div 18 = 30$
➡ $\boxed{18} \times 30 = ❓, ❓ = \boxed{540}$

⑥ $120 \div ❓ = 5$
➡ $\boxed{120} \div 5 = ❓, ❓ = \boxed{24}$

⑦ $❓ \div 16 = 41$
➡ $\boxed{16} \times \boxed{41} = ❓, ❓ = \boxed{656}$
(또는 41×16)

⑧ $483 \div ❓ = 23$
➡ $\boxed{483} \div 23 = ❓, ❓ = \boxed{21}$

⑨ $❓ \div 25 = 29$
➡ $\boxed{25} \times \boxed{29} = ❓, ❓ = \boxed{725}$
(또는 29×25)

⑩ $595 \div ❓ = 35$
➡ $\boxed{595} \div \boxed{35} = ❓, ❓ = \boxed{17}$

 야호! 게임처럼 즐기는 **연산 놀이터**
다양한 유형의 문제로 즐겁게 마무리해요.

🐾 ◆의 값과 관계있는 것끼리 선으로 이어 보세요.

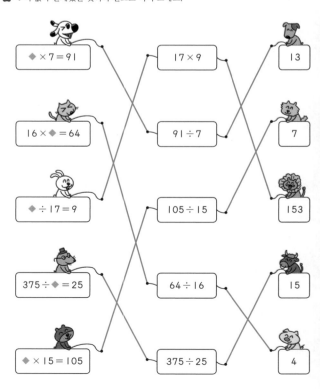

◆ × 7 = 91 / 16 × ◆ = 64 / ◆ ÷ 17 = 9 / 375 ÷ ◆ = 25 / ◆ × 15 = 105

17 × 9 / 91 ÷ 7 / 105 ÷ 15 / 64 ÷ 16 / 375 ÷ 25

13 / 7 / 153 / 15 / 4

11 곱셈식과 나눗셈식에서 어떤 수 구하기 집중 연습!

☆ ●에 알맞은 수 구하기

곱셈과 나눗셈 의 관계를 이용하여 ●의 값을 구합니다.

• 16 × ● = 80에서 ●의 값 구하기

$16 × ● = 80$

$80 ÷ 16 = ● ➡ ● = 5$

• 300 ÷ ● = 25에서 ●의 값 구하기

$300 ÷ ● = 25$

$300 ÷ 25 = ● ➡ ● = 12$

• ● ÷ 15 = 27에서 ●의 값 구하기

$● ÷ 15 = 27$

$15 × 27 = ● ➡ ● = 405$

• 어떤 수에 곱한 것은 나누고, 나눈 것은 곱하는 '거꾸로 생각하기' 전략

☐ × 3 = 12
➡ 12 ÷ 3 = ☐

'어떤 수에 3을 곱하면 12가 된다.'를 계산 결과에서부터 거꾸로 생각하면 '12를 3으로 나누면 어떤 수가 된다.'예요.

☐ ÷ 5 = 30
➡ 30 × 5 = ☐

'어떤 수를 5로 나누면 30이 된다.'를 계산 결과에서부터 거꾸로 생각하면 '30에 5를 곱하면 어떤 수가 된다.'예요.

곱셈식을 나눗셈식으로 나타내면 ☐ 안의 수를 구할 수 있어요.
☐ 안의 수를 구하기 힘들다면 아래와 같이 쉬운 수로 생각해 봐요!
9 × ☐ = 18 ➡ 18 ÷ 9 = ☐, ☐ = 2

🐾 ☐ 안에 알맞은 수를 써넣으세요.

❶ 9 × 7 = 63

9 × ☐ = 63
63 ÷ 9 = ☐

63 ÷ 9 = ☐, ☐ = 7

❷ 17 × 5 = 85

☐ × 5 = 85
85 ÷ 5 = ☐

85 ÷ 5 = ☐, ☐ = 17

❸ 8 × 14 = 112

112 ÷ 8 = ☐, ☐ = 14

❹ 18 × 7 = 126

126 ÷ 7 = ☐, ☐ = 18

❺ 12 × 17 = 204

❻ 43 × 15 = 645

❼ 25 × 34 = 850

❽ 25 × 36 = 900

❾ 13 × 61 = 793

구하려는 나를
오른쪽으로 보내요!

☐ × 15 = 120

120 ÷ 15 = ☐

나눗셈식을 곱셈식 또는 다른 나눗셈식으로 나타내면 ☐ 안의 수를 구할 수 있어요.
☐ 안의 수를 구하기 힘들다면 아래와 같이 쉬운 수로 생각해 봐요!
☐ ÷ 2 = 6 ➡ 2 × 6 = ☐, ☐ = 12   6 ÷ ☐ = 2 ➡ 6 ÷ 2 = ☐, ☐ = 3

🐾 ☐ 안에 알맞은 수를 써넣으세요.

❶ 48 ÷ 8 = 6

☐ ÷ 8 = 6
8 × 6 = ☐

8 × 6 = ☐, ☐ = 48

❷ 72 ÷ 24 = 3

72 ÷ ☐ = 3
72 ÷ 3 = ☐

72 ÷ 3 = ☐, ☐ = 24

❸ 135 ÷ 9 = 15

9 × 15 = ☐, ☐ = 135

❹ 105 ÷ 5 = 21

105 ÷ 21 = ☐, ☐ = 5

❺ 126 ÷ 18 = 7

❻ 253 ÷ 11 = 23

❼ 490 ÷ 35 = 14

❽ 546 ÷ 13 = 42

❾ 700 ÷ 25 = 28

❿ 864 ÷ 24 = 36

☐ 안의 수를 구한 다음 답이 맞는지 확인하면 실수를 줄일 수 있어요.
☐ × 9 = 108 ➡ 108 ÷ 9 = ☐, ☐ = 12   확인 12 × 9 = 108

🐾 ☐ 안에 알맞은 수를 써넣으세요.

❶ 8 × 16 = 128

128 ÷ 16 = ☐, ☐ = 8

❷ 182 ÷ 13 = 14

13 × 14 = ☐, ☐ = 182

❸ 9 × 27 = 243

243 ÷ 9 = ☐, ☐ = 27

❹ 203 ÷ 7 = 29

203 ÷ 29 = ☐, ☐ = 7

❺ 24 × 13 = 312

❻ 400 ÷ 16 = 25

❼ 28 × 15 = 420

❽ 567 ÷ 21 = 27

❾ 17 × 39 = 663

❿ 840 ÷ 35 = 24

어떤 수에 곱한 것은 나누고, 나눈 것은 곱하면 돼요. 계산 결과로부터 거꾸로 생각하는 '거꾸로 생각하기' 전략을 기억해요!

□ 안에 알맞은 수를 써넣으세요.

❶ 18 × 24 = 432
432÷24=□, □=18

❷ 408 ÷ 17 = 24
17×24=□, □=408

❸ 36 × 23 = 828
828÷36=□, □=23

❹ 602 ÷ 14 = 43
602÷43=□, □=14

❺ 45 × 19 = 855

❻ 756 ÷ 28 = 27

❼ 56 × 14 = 784

❽ 864 ÷ 24 = 36

❾ 28 × 34 = 952

야호! 게임처럼 즐기는 연산 놀이터
다양한 유형의 문제로 즐겁게 마무리해요.

?의 값이 적힌 길을 따라가면 보물을 찾을 수 있어요. 빠독이가 가야 할 길을 표시해 보세요.

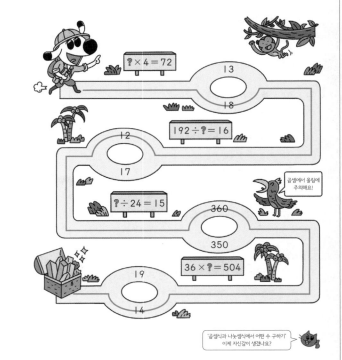

12 곱의 일의 자리 숫자를 이용해 곱한 수를 찾아

곱셈식에서 □ 안의 수 구하기 1

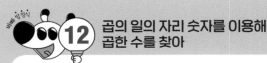

1단계 □×4의 일의 자리 숫자가 4인 경우를 생각합니다.
❶ 1×4=4
❷ 6×4=24

2단계 □ 안에 1과 6을 넣어 곱이 64가 맞는지 확인합니다.
❶ 11×4=44
❷ 16×4=64 ➡ □=6

곱셈식에서 □ 안의 수 구하기 2

1단계 6×□의 일의 자리 숫자가 2인 경우를 생각합니다.
❶ 6×2=12
❷ 6×7=42

2단계 □ 안에 2와 7을 넣어 36×□의 값이 252가 맞는지 확인합니다.
❶ 36×2=72
❷ 36×7=252 ➡ □=7

일의 자리에서 올림이 있으면 올림한 수를 십의 자리 계산에 꼭 더해야 해요. 십의 자리 계산: 8+1=9

□ 안에 알맞은 수를 써넣으세요.

❶ 3 4 × 2 = 6 8

❷ 7 1 × 5 = 3 5 5

❸ 5 2 × 3 = 1 5 6

❹ 8 3 × 3 = 2 4 9

❺ 4 1 × 7 = 2 8 7

❻ 9 2 × 4 = 3 6 8

❼ 2 3 × 4 = 9 2

❽ 3 9 × 2 = 7 8

❾ 2 7 × 5 = 1 3 5

❿ 6 4 × 7 = 4 4 8

⓫ 3 6 × 3 = 1 0 8

⓬ 4 7 × 8 = 3 9 2

16 바빠 3·4학년 방정식

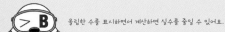

B 올림한 수를 표시하면서 계산하면 실수를 줄일 수 있어요.

🐾 □ 안에 알맞은 수를 써넣으세요.

①
```
    1 3 2
  ×     3
    3 9 6
```

②
```
    3 2 9
  ×     3
    9 8 7
```

예시:
```
    2 9 3
  ×     3
    9 8 7
```
올림한 수를 표시하면서 풀고 있죠?

③
```
    4 1 6
  ×     5
  2 0 8 0
```

④
```
    4 8 2
  ×     4
  1 9 2 8
```

⑤
```
    5 0 8
  ×     6
  3 0 4 8
```

⑥
```
    2 7 7
  ×     3
    8 3 1
```

⑦
```
    1 6 3
  ×     6
    9 7 8
```

⑧
```
    4 3 7
  ×     8
  3 4 9 6
```

⑨
```
    7 2 6
  ×     9
  6 5 3 4
```

⑩
```
    3 2 8
  ×     6
  1 9 6 8
```

⑪
```
    3 5 4
  ×     4
  1 4 1 6
```

C 곱셈에서 올림과 마지막 덧셈에서 받아올림이 있을 수 있으니 주의해서 계산해요.

🐾 □ 안에 알맞은 수를 써넣으세요.

□ 안의 수를 구한 다음 답이 맞는지 확인까지 하면 정말 최고!

①
```
      4 8
  ×   1 2
      9 6
    4 8 0
    5 7 6
```

②
```
      1 5
  ×   3 2
      3 0
    4 5 0
    4 8 0
```

③
```
      2 6
  ×   2 3
      7 8
    5 2 0
    5 9 8
```

④
```
      3 4
  ×   2 5
    1 7 0
    6 8 0
    8 5 0
```

⑤
```
      4 7
  ×   1 6
    2 8 2
    4 7 0
    7 5 2
```

⑥
```
      2 8
  ×   3 4
    1 1 2
    8 4 0
    9 5 2
```

⑦
```
      5 9
  ×   7 3
    1 7 7
  4 1 3 0
  4 3 0 7
```

⑧
```
      4 5
  ×   3 8
    3 6 0
  1 3 5 0
  1 7 1 0
```

⑨
```
      6 2
  ×   5 4
    2 4 8
  3 1 0 0
  3 3 4 8
```

D 차근차근 계산 순서에 맞게 풀면서 하나씩 채워 넣으면 돼요.
□ 안의 수를 구한 다음 답이 맞는지 확인하면 실수를 줄일 수 있어요.

🐾 □ 안에 알맞은 수를 써넣으세요.

잘하고 있어요. 조금 더 힘내요!

①
```
      1 5 7
  ×     4 5
      7 8 5
    6 2 8 0
    7 0 6 5
```

②
```
      1 2 8
  ×     3 4
      5 1 2
    3 8 4 0
    4 3 5 2
```

③
```
      5 6 3
  ×     3 7
    3 9 4 1
  1 6 8 9 0
  2 0 8 3 1
```

④
```
      5 3 9
  ×     6 4
    2 1 5 6
  3 2 3 4 0
  3 4 4 9 6
```

⑤
```
      5 2 8
  ×     5 7
    3 6 9 6
  2 6 4 0 0
  3 0 0 9 6
```

⑥
```
      4 5 7
  ×     8 3
    1 3 7 1
  3 6 5 6 0
  3 7 9 3 1
```

도전! 생각이 자라는 사고력 문제
쉬운 응용 문제로 기초 사고력을 키워 봐요!

🐾 같은 모양은 같은 숫자를 나타냅니다. 각 모양에 알맞은 숫자를 구하세요.

①

십의 자리 계산에서 ▲×▲가 이십몇인 수를 생각해요.
➡ ▲ = 5
십의 자리 계산:
▲×▲=2▲ ➡ ▲=5

②

➡ ◆ = 6
십의 자리 계산:
◆×◆=3◆ ➡ ◆=6

③
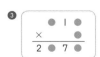
➡ ● = 5
백의 자리 계산:
●×●=2● ➡ ●=5

④

➡ ■ = 6
백의 자리 계산:
■×■=3■ ➡ ■=6

⑤
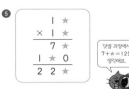
덧셈 과정에서 7+★=12를 생각해요.
➡ ★ = 5
덧셈 과정에서의 십의 자리 계산:
7+★=12 ➡ ★=5

⑥

➡ ● = 2
덧셈 과정에서의 십의 자리 계산:
●+●=4 ➡ ●=2

13 몫과 나머지를 바르게 구했는지 확인하는 계산을 이용해

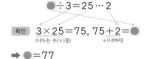

☺ 나머지가 있는 나눗셈식에서 ●에 알맞은 수 구하기

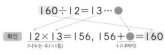

나누는 수와 몫 의 곱에 나머지 를 더하면 나누어지는 수인 것을 이용하여 계산합니다.

• ●÷3=25…2에서 ●에 알맞은 수 구하기

●÷3=25…2

확인 3×25=75, 75+2=●
(나누는 수)×(몫) +(나머지)

나누는 수와 몫의 곱에 나머지를 더하면 나누어지는 수가 나와야 해요.

➡ ●=77

• 160÷12=13…●에서 ●에 알맞은 수 구하기

160÷12=13…●

확인 12×13=156, 156+●=160
(나누는 수)×(몫) +(나머지)

➡ 160−156=●, ●=4

• 덧셈과 곱셈이 섞여 있는 식은 곱셈을 덧셈보다 먼저 계산해요.
몫과 나머지를 바르게 구했는지 확인하는 식을
(나누는 수)×(몫)+(나머지)=(나누어지는 수)로 나타낸 다음 곱셈을 덧셈보다 먼저 계산할
수도 있어요.

●÷▲=■…★   □÷3=25…2
▲×■+★=●   ➡ 3×25+2=□에서 곱셈인 3×25를 먼저 계산하면
75+2=□, □=77이에요.

나머지가 있는 나눗셈식에서 □안의 수를 구하려면
나눗셈의 몫과 나머지를 바르게 구했는지 확인하는 계산을 이용해요.

 □안에 알맞은 수를 써넣으세요.

❶ 40÷12=3…4

 □는 12와 3의 곱에 4를 더한 수예요.

12×3=36, 36+4=□, □=40

❷ 41÷3=13…2
3×13=39, 39+2=□, □=41

❸ 93÷8=11…5
8×11=88, 88+5=□, □=93

❹ 95÷23=4…3
23×4=92, 92+3=□, □=95

❺ 102÷4=25…2

❻ 110÷14=7…12

❼ 234÷15=15…9

❽ 387÷30=12…27

❾ 143÷24=5…23

❿ 911÷43=21…8

 B

나누는 수는 몫의 곱에 나머지를 더하면 나누어지는 수가 나와요.

 □안에 알맞은 수를 써넣으세요.

❶ 51÷9=5…6

9와 5의 곱에 □를 더한 수가 51이에요.

9×5=45,
45+□=51,
51−45=□, □=6

❷ 50÷14=3…8
14×3=42, 42+□=50,
50−42=□, □=8

❸ 72÷16=4…8
16×4=64, 64+□=72,
72−64=□, □=8

❹ 96÷25=3…21
25×3=75, 75+□=96,
96−75=□, □=21

❺ 102÷11=9…3

❻ 190÷8=23…6

❼ 485÷15=32…5

❽ 350÷21=16…14

❾ 516÷35=14…26

❿ 639÷27=23…18

 C

□안의 수를 구한 다음 답이 맞는지 확인하면 실수를 줄일 수 있어요.

 □안에 알맞은 수를 써넣으세요.

❶ 97÷7=13…6
7×13=91, 91+6=□, □=97

❷ 121÷28=4…9
28×4=112, 112+□=121,
121−112=□, □=9

❸ 290÷34=8…18
34×8=272, 272+18=□,
□=290

❹ 223÷24=9…7
24×9=216, 216+□=223,
223−216=□, □=7

❺ 329÷25=13…4

❻ 440÷16=27…8

❼ 608÷23=26…10

❽ 742÷42=17…28

❾ 881÷35=25…6

❿ 932÷18=51…14

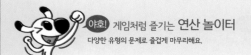

야호! 게임처럼 즐기는 **연산 놀이터**
다양한 유형의 문제로 즐겁게 마무리해요.

🐾 다음 식에서 ■의 값에 해당하는 글자를 보기에서 찾아 아래 표의 빈칸에 차례로 써 넣으면 고사성어가 완성됩니다. 완성된 고사성어를 쓰세요.

❶
$■÷5=14\cdots3$
➡ ■$=73$

❷
$270÷32=8\cdots■$
➡ ■$=14$

❸
$302÷26=11\cdots■$
➡ ■$=16$

❹
$■÷12=13\cdots4$
➡ ■$=160$

보기

120	14	160	73	16	64
정	기	성	대	만	개

❶	❷	❸	❹
대	기	만	성

완성된 고사성어는 '크게 될 사람은 늦게라도 성공한다'는 뜻이에요.

---

14 모르는 수가 2개면
알 수 있는 것부터 차례로 구해

☆ ●와 ▲에 알맞은 수 구하기

$$●÷4=7$$
$$●×▲=84$$

1단계 모르는 수가 1개인 식 먼저 계산합니다.

$●÷4=7$
$4×7=●$
➡ $●=28$

2단계 구한 수를 이용하여 나머지 수를 구합니다.

$●×▲=84$
$28×▲=84$
$84÷28=▲$
➡ $▲=3$

●=28이므로 ● 대신 28을 넣어요.

3단계 답이 맞는지 확인합니다.

$28÷4=7$
$28×3=84$

어떤 수를 구한 다음 답이 맞는지 확인까지 하면 완벽하겠죠?

바빠 꿀팁

• =(등호)를 기준으로 기호를 바꿔요.

➡ =(등호)의 반대쪽으로 이동할 때, ×■는 ÷■가 되고 ÷■는 ×■가 돼요.

🐾 ●와 ▲에 알맞은 수를 각각 구하세요.

❶
$●×5=60$
$●÷3=▲$

$60÷5=●$

모르는 수가 1개인 곱셈식을 나눗셈식으로 나타내 ●의 값을 먼저 구해 봐요.

●: 12 , ▲: 4
$●×5=60, 60÷5=●, ●=12$
$12÷3=▲, ▲=4$

❷
$8×●=72$
$54÷●=▲$

●: 9 , ▲: 6
$8×●=72, 72÷8=●, ●=9$
$54÷9=▲, ▲=6$

❸
$●×7=35$
$14×●=▲$

●: 5 , ▲: 70
$●×7=35, 35÷7=●, ●=5$
$14×5=▲, ▲=70$

❹
$●×12=180$
$●÷5=▲$

●: 15 , ▲: 3

❺
$9×●=126$
$●×11=▲$

●: 14 , ▲: 154

❻
$26×●=208$
$96÷●=▲$

●: 8 , ▲: 12

❼
$●×12=324$
$15×●=▲$

●: 27 , ▲: 405

🐾 ●와 ▲에 알맞은 수를 각각 구하세요.

❶
$●÷8=3$
$4×●=▲$

$8×3=●$

모르는 수가 1개인 나눗셈식을 곱셈식 또는 다른 나눗셈식으로 나타내 ●의 값을 먼저 구해 봐요.

●: 24 , ▲: 96
$●÷8=3, 8×3=●, ●=24$
$4×24=▲, ▲=96$

❷
$64÷●=4$
$●×6=▲$

●: 16 , ▲: 96
$64÷●=4, 64÷4=●, ●=16$
$16×6=▲, ▲=96$

❸
$●÷2=13$
$78÷●=▲$

●: 26 , ▲: 3
$●÷2=13, 2×13=●, ●=26$
$78÷26=▲, ▲=3$

❹
$●÷14=12$
$5×●=▲$

●: 168 , ▲: 840

❺
$240÷●=15$
$●÷8=▲$

●: 16 , ▲: 2

❻
$144÷●=18$
$●×25=▲$

●: 8 , ▲: 200

❼
$●÷32=7$
$896÷●=▲$

●: 224 , ▲: 4

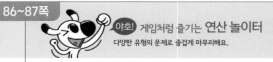

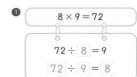

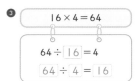

모르는 수가 한 개인 식부터 시작하면 돼요.
●와 ▲에 알맞은 수를 구한 다음 답이 맞는지 확인하는 습관을 길러 보세요!

야호! 게임처럼 즐기는 연산 놀이터
다양한 유형의 문제로 즐겁게 마무리해요.

🐾 ●와 ▲에 알맞은 수를 각각 구하세요.

①
$17 \times ● = 51$
$● \times ▲ = 69$

●: 3 , ▲: 23
$17 \times ● = 51, 51 \div 17 = ●, ● = 3$
$3 \times ▲ = 69, 69 \div 3 = ▲, ▲ = 23$

②
$3 \times ● = 81$
$● \div ▲ = 3$

●: 27 , ▲: 9
$3 \times ● = 81, 81 \div 3 = ●, ● = 27$
$27 \div ▲ = 3, 27 \div 3 = ▲, ▲ = 9$

③
$56 \div ● = 2$
$● \div ▲ = 4$

●: 28 , ▲: 7
$56 \div ● = 2, 56 \div 2 = ●, ● = 28$
$28 \div ▲ = 4, 28 \div 4 = ▲, ▲ = 7$

④
$36 \div ● = 3$
$● \times ▲ = 84$

●: 12 , ▲: 7
$36 \div ● = 3, 36 \div 3 = ●, ● = 12$
$12 \times ▲ = 84, 84 \div 12 = ▲, ▲ = 7$

⑤
$46 \times ● = 322$
$● \times ▲ = 154$

●: 7 , ▲: 22

⑥
$19 \times ● = 399$
$● \div ▲ = 7$

●: 21 , ▲: 3

⑦
$208 \div ● = 8$
$● \div ▲ = 2$

●: 26 , ▲: 13

⑧
$255 \div ● = 15$
$● \times ▲ = 34$

●: 17 , ▲: 2

🐾 금고를 열려면 비밀번호를 알아야 합니다. 비밀번호의 힌트가 다음과 같을 때 모르는 두 기호의 값을 차례로 이어 쓰면 비밀번호입니다. 빈칸에 알맞은 수를 써넣으세요.

비밀번호
◆ ➡ 앞자리 숫자
★ ➡ 뒷자리 숫자

1 5 1 9

$18 \times ◆ = 270$
$285 \div ★ = ◆$

$18 \times ◆ = 270, 270 \div 18 = ◆, ◆ = 15$
$285 \div ★ = 15, 285 \div 15 = ★, ★ = 19$

2 0 4 1 7

$◆ \div 34 = 6$
$12 \times ★ = ◆$

$◆ \div 34 = 6, 34 \times 6 = ◆, ◆ = 204$
$12 \times ★ = 204, 204 \div 12 = ★, ★ = 17$

섞어 연습하기
15 곱셈식과 나눗셈식에서 어떤 수 구하기 종합 문제

🐾 곱셈식은 나눗셈식 2개로, 나눗셈식은 곱셈식 2개로 나타내세요.

①
$8 \times 9 = 72$
$72 \div 8 = 9$
$72 \div 9 = 8$

②
$56 \div 7 = 8$
$7 \times 8 = 56$
$8 \times 7 = 56$

③
$16 \times 4 = 64$
$64 \div 16 = 4$
$64 \div 4 = 16$

④
$91 \div 13 = 7$
$13 \times 7 = 91$
$7 \times 13 = 91$

🐾 □ 안에 알맞은 수를 써넣어 ❓의 값을 구하세요.

⑤
$❓ \times 18 = 108$
➡ $108 \div 18 = ❓, ❓ = 6$

⑥
$❓ \div 25 = 17$
➡ $25 \times 17 = ❓, ❓ = 425$

⑦
$27 \times ❓ = 324$
➡ $324 \div 27 = ❓, ❓ = 12$

⑧
$756 \div ❓ = 36$
➡ $756 \div 36 = ❓, ❓ = 21$

🐾 □ 안에 알맞은 수를 써넣으세요.

①
$25 \times 16 = 400$
$400 \div 16 = □, □ = 25$

②
$392 \div 14 = 28$
$392 \div 28 = □, □ = 14$

③
$12 \times 43 = 516$
$516 \div 12 = □, □ = 43$

④
$630 \div 18 = 35$
$18 \times 35 = □, □ = 630$

⑤
$27 \times 17 = 459$

⑥
$798 \div 19 = 42$

⑦
$24 \times 26 = 624$

⑧
$900 \div 25 = 36$

⑨
$28 \times 32 = 896$

⑩
$754 \div 26 = 29$

15

안에 알맞은 수를 써넣으세요.

올림한 수를 작게 쓰고 계산해요!

①
```
    3
  6 4
×   8
5 1 2
```

②
```
  6 6
  3 6 7
×     9
3 3 0 3
```

③
```
    3 6
×   2 7
  2 5 2
  7 2 0
  9 7 2
```

④
```
    4 9
×   6 3
  1 4 7
2 9 4 0
3 0 8 7
```

⑤
```
      5 4 8
×       3 7
    3 8 3 6
  1 6 4 4 0
  2 0 2 7 6
```

⑥
```
      7 2 5
×       6 4
    2 9 0 0
  4 3 5 0 0
  4 6 4 0 0
```

안에 알맞은 수를 써넣으세요.

① 251÷9=27…8
9×27=243, 243+8=□, □=251

② 381÷23=16…13
23×16=368, 368+□=381, 381−368=□, □=13

③ 830÷28=29…18
28×29=812, 812+18=□, □=830

④ 594÷34=17…16
34×17=578, 578+□=594, 594−578=□, □=16

●와 ▲에 알맞은 수를 각각 구하세요.

⑤ 85÷●=5, ●×12=▲
●: 17 , ▲: 204
85÷●=5, 85÷5=●, ●=17
17×12=▲, ▲=204

⑥ 336÷●=14, ●÷8=▲
●: 24 , ▲: 3
336÷●=14, 336÷14=●, ●=24
24÷8=▲, ▲=3

⑦ 15×●=510, ●×▲=714
●: 34 , ▲: 21
15×●=510, 510÷15=●, ●=34
34×▲=714, 714÷34=▲, ▲=21

⑧ 27×●=972, ●÷▲=18
●: 36 , ▲: 2
27×●=972, 972÷27=●, ●=36
36÷▲=18, 36÷18=▲, ▲=2

15

사다리 타기 놀이를 하고 있습니다. 안에 알맞은 수를 사다리로 연결된 강아지에게 써넣으세요.

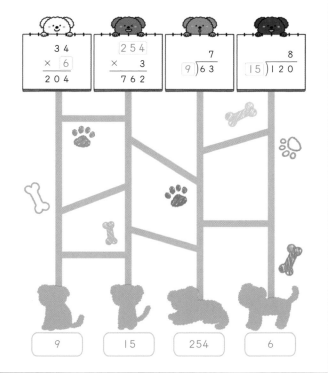

9 | 15 | 254 | 6

활용 문장제

16 모르는 수를 □로 써서 곱셈식 또는 나눗셈식을 세워

어떤 수 구하기 문장제

도넛을 구워 한 접시에 5개씩 담았더니 13접시가 되고 3개가 남았습니다. 구운 도넛은 모두 몇 개일까요?

1단계 문장을 /로 끊어 읽고 조건을 수와 연산 기호로 나타냅니다.

도넛을 구워 / ➡ □
한 접시에 5개씩 담았더니 / ➡ ÷5
13접시가 되고 3개가 남았습니다. / ➡ =13…3
몫: 13   나머지: 3
구운 도넛은 모두 몇 개일까요?

2단계 하나의 식으로 나타냅니다.

□ ÷ 5 = 13…3

구운 도넛 수를 모르니까 □개라 하고 식으로 나타내면 돼요!

3단계 몫과 나머지가 맞는지 확인하는 식을 이용하여 □ 안의 수를 구합니다.

□÷5=13…3
5×13=65, 65+3=□, □=68

나누는 수와 몫의 곱에 나머지를 더하면 나누어지는 수가 나와야 해요.

➡ 구운 도넛 수: 68 개

답에 단위를 쓰는 것도 잊지 마요!

A 어떤 수를 ☐라 하여 곱셈식 또는 나눗셈식으로 나타내고 ☐를 구하면 돼요.

🐾 ☐를 사용하여 하나의 식으로 나타내어 답을 구하세요.

❶ 어떤 수에 16을 곱했더니 96이 되었습니다. 어떤 수는 얼마일까요?

식 ☐ × 16 = 96

96 ÷ 16 = ☐, ☐ = 6

답 **6**

• 어떤 수에 ➡ ☐
• 16을 곱했더니 ➡ ×16
• 96이 되었다 ➡ =96

어떤 수
☐ × 16 = 96

어떤 수를 ☐라 하는 게 핵심이에요.

❷ 27에 어떤 수를 곱했더니 243이 되었습니다. 어떤 수는 얼마일까요?

식 27 × ☐ = 243

243 ÷ 27 = ☐, ☐ = 9

답 **9**

❸ 216을 어떤 수로 나누었더니 몫이 18이 되었습니다. 어떤 수는 얼마일까요?

식 216 ÷ ☐ = 18

216 ÷ 18 = ☐, ☐ = 12

답 **12**

❹ 어떤 수를 9로 나누었더니 몫이 23이고 나머지가 5였습니다. 어떤 수는 얼마일까요?

식 ☐ ÷ 9 = 23…5

9 × 23 = 207, 207 + 5 = ☐, ☐ = 212

답 **212**

나머지가 있는 나눗셈식으로 먼저 나타내 봐요.
■ = ▲ × ● … ★

B 모르는 수를 ☐라 하여 곱셈식으로 나타내고 ☐를 구하면 돼요.

🐾 ☐를 사용하여 곱셈식으로 나타내어 답을 구하세요.

❶ 코스모스의 꽃잎은 8장입니다. 코스모스 몇 송이를 샀더니 꽃잎이 112장이라면 산 코스모스는 몇 송이일까요?

식 8 × ☐ = 112

112 ÷ 8 = ☐, ☐ = 14

답 **14 송이**

단위를 꼭 써요!

• 전체 코스모스 꽃잎 수
➡ 8 × ☐ 개

전체 코스모스 꽃잎 수는 8장씩 ☐ 송이이므로 8 × ☐ = (전체 꽃잎 수)로 나타낼 수 있어요.

❷ 정사각형 모양의 타일을 한 줄에 일정한 개수씩 16줄 붙였습니다. 전체 타일이 208개라면 한 줄에 붙인 타일은 몇 개일까요?

식 ☐ × 16 = 208

208 ÷ 16 = ☐, ☐ = 13

답 **13개**

❸ 한 주머니에 구슬이 23개씩 들어 있습니다. 주머니 몇 개를 가져와 상자에 모두 부었더니 구슬이 345개라면 가져온 주머니는 몇 개일까요?

식 23 × ☐ = 345

345 ÷ 23 = ☐, ☐ = 15

답 **15개**

C 나머지가 없는 나눗셈식은 ■ ÷ ▲ = ●로 나타낼 수 있어요.

🐾 ☐를 사용하여 나눗셈식으로 나타내어 답을 구하세요.

❶ 시현이가 사탕 한 봉지를 샀습니다. 매일 4개씩 먹었더니 6일 동안 먹고 남은 것이 없었습니다. 사탕 한 봉지에 사탕이 몇 개 들어 있었을까요?

식 ☐ ÷ 4 = 6

4 × 6 = ☐, ☐ = 24

답 **24 개**

단위를 꼭 써요!

• 매일 4개씩 먹었더니
➡ 나누는 수: 4
• 6일 동안 먹고 남은 것이 없었다
➡ 몫: 6

똑같이 나누었을 때 남는 것이 없다는 말은 '나눗셈이 나누어떨어진다'는 뜻이에요.

❷ 만두가 108개 있습니다. 한 봉지에 똑같은 개수씩 담았더니 9봉지가 되고 남은 것이 없었습니다. 한 봉지에 만두를 몇 개씩 담았을까요?

식 108 ÷ ☐ = 9

108 ÷ 9 = ☐, ☐ = 12

답 **12개**

❸ 초콜릿 128개를 친구들에게 똑같이 나누어 주려고 합니다. 한 명에게 몇 개씩 주어야 친구 16명에게 똑같이 나누어 줄 수 있을까요?

식 128 ÷ ☐ = 16

128 ÷ 16 = ☐, ☐ = 8

답 **8개**

D 나머지가 있는 나눗셈식은 ■ ÷ ▲ = ● … ★로 나타낼 수 있어요.

🐾 ☐를 사용하여 나눗셈식으로 나타내어 답을 구하세요.

❶ 크림빵을 만들어 한 상자에 8개씩 담았더니 11상자가 되고 7개가 남았습니다. 만든 크림빵은 모두 몇 개일까요?

식 ☐ ÷ 8 = 11…7

8 × 11 = 88, 88 + 7 = ☐, ☐ = 95

답 **95개**

• 한 상자에 8개씩 담았더니
➡ 나누는 수: 8
• 11상자가 되고 7개가 남았더니
➡ 몫: 11, 나머지: 7

똑같이 나누었을 때 남는 것이 있다는 말은 '나눗셈이 나누어떨어지지 않는다'는 뜻이에요.

❷ 강당에 의자를 한 줄에 26개씩 15줄로 놓았더니 10개가 남았습니다. 강당에 있는 의자는 모두 몇 개일까요?

식 ☐ ÷ 26 = 15…10

26 × 15 = 390, 390 + 10 = ☐, ☐ = 400

답 **400개**

❸ 색 테이프를 18 cm씩 잘랐더니 12도막이 되고 4 cm가 남았습니다. 처음 색 테이프의 길이는 몇 cm일까요?

식 ☐ ÷ 18 = 12…4

18 × 12 = 216, 216 + 4 = ☐, ☐ = 220

답 **220 cm**

바르게 계산한 값을 구하려면 식을 두 번 세워야 해요.
어떤 수를 □과 하고 잘못된 식을 세워 어떤 수를 구한 다음
바른 식을 세워 값을 구해요.

🐾 □를 사용하여 하나의 식으로 나타내어 답을 구하세요.

❶ 어떤 수에 9를 곱해야 할 것을 잘못하여 6을 곱했더니 78이
되었습니다. 바르게 계산한 값은 얼마일까요?

잘못된 식　□ × 6 = 78

바른 식　1 3 × 9 = 1 1 7

잘못된 식에서 구한
어떤 수의 값을 쓰요.　　　　답　　 1 1 7

잘못된 식: □×6=78, 78÷6=□, □=13
바른 식: 13×9=117

❷ 어떤 수를 15로 나누어야 할 것을 잘못하여 25로 나누었더
니 몫이 9가 되었습니다. 바르게 계산한 값은 얼마일까요?

잘못된 식　□ ÷ 25 = 9

바른 식　225 ÷ 15 = 15

　　　　答　　 1 5

잘못된 식: □÷25=9, 25×9=□, □=225
바른 식: 225÷15=15

❸ 어떤 수에 12를 곱해야 할 것을 잘못하여 12로 나누었더
니 몫이 3이 되었습니다. 바르게 계산한 값은 얼마일까요?

잘못된 식　□ ÷ 12 = 3

바른 식　36 × 12 = 432

　　　　答　　 432

잘못된 식: □÷12=3, 12×3=□, □=36
바른 식: 36×12=432

[문제 푸는 순서]
□를 사용하여
잘못된 식 세우기
↓
어떤 수 구하기
↓
바르게 계산한 값 구하기

어떤 수만 구하고
멈추면 안 되겠죠?
바르게 계산한 값까지
구해야 해요.

곱셈과 나눗셈에서
어떤 수 구하기는~

무당벌레 모양을
그리면 쉽게 해결~!

둘째 마당까지
다 풀다니~
정말 멋져요!

---

17 먼저 >, <를 =로 생각한 다음
덧셈과 뺄셈의 관계를 이용해

●+100=300 ➡ ●=200
●+100>300 ➡ ●>200
●+100<300 ➡ ●<200

>, <를 =로 바꾼 식을 만족하는 어떤 수를 구한 다음
어떤 수보다 큰 수 또는 작은 수를 찾으면 돼요.

✪ □ 안에 들어갈 수 있는 가장 큰 세 자리 수 구하기

□ + 120 < 350

1단계 < 대신 =로 바꿔서 식을 만족하는 어떤 수를 구합니다.

□ + 120 = 350, 350 − 120 = □ ➡ □ = 230

2단계 □ + 120 < 350에서 □ 안의 수와 230의 크기를 비교합니다.

□ + 120이 350보다 작아야 하므로
□ 안에 들어갈 수 있는 수는 230보다 작아야 합니다.

➡ □ 안에 들어갈 수 있는 가장 큰 세 자리 수: 229 ← 230−1

✪ □ 안에 들어갈 수 있는 가장 작은 세 자리 수 구하기

410 − □ < 260

1단계 < 대신 =로 바꿔서 식을 만족하는 어떤 수를 구합니다.

410 − □ = 260, 410 − 260 = □ ➡ □ = 150

2단계 410 − □ < 260에서 □ 안의 수와 150의 크기를 비교합니다.

410 − □가 260보다 작아야 하므로
□ 안에 들어갈 수 있는 수는 150보다 커야 합니다.

빼는 수가 클수록
값이 작아져요.

➡ □ 안에 들어갈 수 있는 가장 작은 세 자리 수: 151 ← 150+1

🐾 □ 안에 들어갈 수 있는 수를 모두 찾아 ○표 하세요.

❶ □ + 250 < 400

⑭⑧ ⑭⑨ 150 151 152

□+250=400이라고 하면 400−250=□, □=150
□+250<400에서 □ 안의 수는 150보다 작아야 하므로 148, 149

❷ 230 + □ > 510

279 280 ㉛ ㉜ ㉝

230+□=510이라고 하면 510−230=□, □=280
230+□>510에서 □ 안의 수는 280보다 커야 하므로 281, 282, 283

❸ □ − 230 < 170

㊳ ㊴ 400 401 402

❹ 500 − □ > 160

㉛ ㉜ ㉝ 340 341

앞에 뺄셈 기호가 있으니까
□ 안의 수가 작을수록
500− □의 값이 커져요.

> B

●보다 작은 수 중에서 가장 큰 세 자리 수는 ●보다 I만큼 작은 수예요.
101보다 작은 수 중에서 가장 큰 세 자리 수 ➡ 101-1=100

C

●보다 큰 수 중에서 가장 작은 세 자리 수는 ●보다 I만큼 큰 수예요.
101보다 큰 수 중에서 가장 작은 세 자리 수 ➡ 101+1=102

🐾 ☐ 안에 들어갈 수 있는 가장 큰 세 자리 수를 구하세요.

❶ ☐ + 130 < 450

➡ 319

☐+130=450이라고 하면 450-130=☐, ☐=320
☐+130<450에서 ☐ 안의 수는 320보다 작아야 하므로
가장 큰 세 자리 수는 319

먼저 >, <를 =로
바꿔 생각하는 게
핵심이에요.

❷ 250 + ☐ < 600

➡ 349

250+☐=600이라고 하면
600-250=☐, ☐=350
250+☐<600에서
☐ 안의 수는 350보다 작아야 하므로
가장 큰 세 자리 수는 349

❸ ☐ - 370 < 140

➡ 509

☐-370=140이라고 하면
140+370=☐, ☐=510
☐-370<140에서
☐ 안의 수는 510보다 작아야 하므로
가장 큰 세 자리 수는 509

❹ ☐ + 165 < 672

➡ 506

❺ 531 - ☐ > 326

➡ 204

❻ 257 + ☐ < 526

➡ 268

❼ ☐ - 314 < 238

➡ 551

🐾 ☐ 안에 들어갈 수 있는 가장 작은 세 자리 수를 구하세요.

❶ ☐ + 210 > 570

➡ 361

☐+210=570이라고 하면
570-210=☐, ☐=360
☐+210>570에서
☐ 안의 수는 360보다 커야 하므로
가장 작은 세 자리 수는 361

❷ ☐ - 145 > 430

➡ 576

☐-145=430이라고 하면
430+145=☐, ☐=575
☐-145>430에서
☐ 안의 수는 575보다 커야 하므로
가장 작은 세 자리 수는 576

❸ 350 + ☐ > 624

➡ 275

350+☐=624라고 하면
624-350=☐, ☐=274
350+☐>624에서
☐ 안의 수는 274보다 커야 하므로
가장 작은 세 자리 수는 275

❹ 472 - ☐ < 315

➡ 158

472-☐=315라고 하면
472-315=☐, ☐=157
472-☐<315에서
☐ 안의 수는 157보다 커야 하므로
가장 작은 세 자리 수는 158

❺ ☐ + 523 > 706

➡ 184

❻ ☐ - 327 > 483

➡ 811

❼ 673 + ☐ > 862

➡ 190

-1 +1
100 101 102

101보다 작은 수 중에서
가장 큰 세 자리 수

101보다 큰 수 중에서
가장 작은 세 자리 수

야호! 게임처럼 즐기는 연산 놀이터
다양한 유형의 문제로 즐겁게 마무리해요.

🐾 ☐ 안에 들어갈 수 있는 수가 적힌 풍선을 모두 찾아 ×표 하세요.

18 먼저 >, <를 =로 생각한 다음 곱셈과 나눗셈의 관계를 이용해

☆ ☐ 안에 들어갈 수 있는 가장 큰 자연수 구하기

12 × ☐ < 60

1단계 < 대신 =로 바꿔서 식을 만족하는 어떤 수를 구합니다.

12×☐=60, 60÷12=☐ ➡ ☐=5

2단계 12×☐<60에서 ☐ 안의 수와 5의 크기를 비교합니다.

12×☐가 60보다 작아야 하므로
☐ 안에 들어갈 수 있는 수는 5보다 작아야 합니다.

➡ ☐ 안에 들어갈 수 있는 가장 큰 자연수: 4 ◁ 5-1

☆ ☐ 안에 들어갈 수 있는 가장 작은 자연수 구하기

☐ × 15 > 108

1단계 > 대신 =로 바꿔서 식을 만족하는 어떤 수를 구합니다.

☐×15=108, 108÷15=☐ ➡ ☐=7…3

자연수 부분이 7인 소수라는
것을 알 수 있어요.

2단계 ☐×15>108에서 ☐ 안의 수와 자연수 부분이 7인 소수의 크기를 비교합니다.

☐×15가 108보다 커야 하므로
☐ 안에 들어갈 수 있는 수는 자연수 부분이 7인 소수보다 커야 합니다.

➡ ☐ 안에 들어갈 수 있는 가장 작은 자연수: 8 ◁ 7+1

$5×●=100 ➡ ●=20$
$5×●<100 ➡ ●<20$
$5×●>100 ➡ ●>20$

$>$, $<$를 $=$로 바꾼 식을 만족하는 어떤 수를 구한 다음 어떤 수보다 큰 수 또는 작은 수를 찾으면 돼요.

자연수 부분이 ●인 소수보다 작은 수 중에서 가장 큰 자연수는 ●예요.
10.5보다 작은 수 중에서 가장 큰 자연수 ➡ 10

□ 안에 들어갈 수 있는 수를 모두 찾아 ○표 하세요.

❶ $4×□<96$

$4×□=96$ ··· $□=24$
$4×□<96$ ··· $□<24$

㉒ ㉓ 24 25 26

$4×□=96$이라고 하면 $96÷4=□$, $□=24$
$4×□<96$에서 □ 안의 수는 24보다 작아야 하므로 22, 23

❷ $8×□>112$

12 13 14 ⑮ ⑯

$8×□=112$라고 하면
$112÷8=□$, $□=14$
$8×□>112$에서 □ 안의 수는 14보다
커야 하므로 15, 16

❸ $□×11<209$

⑯ ⑰ ⑱ 19 20

$□×11=209$라고 하면
$209÷11=□$, $□=19$
$□×11<209$에서 □ 안의 수는 19보다
작아야 하므로 16, 17, 18

❹ $25×□>300$

10 11 12 ⑬ ⑭

❺ $□×21<651$

㉙ ㉚ 31 32 33

❻ $9×□>218$

23 24 ㉕ ㉖ ㉗

$9×□=218$, $218÷9=□$ 에서 □의 값이 나누어떨어지지 않으면 몫을 자연수 부분까지만 구해서 어림하면 돼요.

□ 안에 들어갈 수 있는 가장 큰 자연수를 구하세요.

❶ $9×□<63$
➡ 6

먼저 $>$, $<$를 $=$로 바꾼 식을 만족하는 어떤 수를 구해요.

$9×□=63$이라고 하면 $63÷9=□$, $□=7$
$9×□<63$에서 □ 안의 수는 7보다 작아야 하므로
가장 큰 자연수는 6

❷ $12×□<96$
➡ 7

$12×□=96$이라고 하면
$96÷12=□$, $□=8$
$12×□<96$에서 □ 안의 수는 8보다
작아야 하므로 가장 큰 자연수는 7

❸ $□×15<95$
➡ 6

$□×15=95$라고 하면
$95÷15=□$, $□=6···5$
$□×15<95$에서 □ 안의 수는 자연수
부분이 6인 소수보다 작아야 하므로
가장 큰 자연수는 6

❹ $24×□<360$
➡ 14

❺ $□×32<448$
➡ 13

❻ $36×□<290$
➡ 8

❼ $□×40<500$
➡ 12

자연수 부분이 ●인 소수보다 큰 수 중에서 가장 작은 자연수는 ●+1이에요.
10.5보다 큰 수 중에서 가장 작은 자연수 ➡ 10+1=11

야호! 게임처럼 즐기는 **연산 놀이터**
다양한 유형의 문제로 즐겁게 마무리해요.

□ 안에 들어갈 수 있는 가장 작은 자연수를 구하세요.

❶ $8×□>56$
➡ 8

$8×□=56$이라고 하면
$56÷8=□$, $□=7$
$8×□>56$에서 □ 안의 수는 7보다 커야
하므로 가장 작은 자연수는 8

❷ $□×13>78$
➡ 7

$□×13=78$이라고 하면
$78÷13=□$, $□=6$
$□×13>78$에서 □ 안의 수는 6보다
커야 하므로 가장 작은 자연수는 7

❸ $14×□>252$
➡ 19

$14×□=252$라고 하면
$252÷14=□$, $□=18$
$14×□>252$에서 □ 안의 수는 18보다
커야 하므로 가장 작은 자연수는 19

❹ $□×26>392$
➡ 16

$□×26=392$라고 하면
$392÷26=□$, $□=15···2$
$□×26>392$에서 □ 안의 수는 자연수
부분이 15인 소수보다 커야 하므로
가장 작은 자연수는 16

❺ $37×□>555$
➡ 16

❻ $□×15>605$
➡ 41

❼ $52×□>700$
➡ 14

10 ⑩·⑤ 11
10.5보다 작은 수에서
가장 큰 자연수
10.5보다 큰 수에서
가장 작은 자연수

□ 안에 들어갈 수 있는 수가 적힌 풍선을 모두 찾아 ×표 하세요.

19 분수와 소수에서도 덧셈과 뺄셈의 관계가 통해

☆ ●에 알맞은 수 구하기

덧셈과 뺄셈 의 관계를 이용하여 ●의 값을 구합니다.

· $\frac{1}{5}+●=\frac{3}{5}$ 에서 ●의 값 구하기

$\frac{3}{5}-\frac{1}{5}=●$ ➡ $●=\frac{2}{5}$

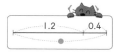

$\frac{3}{5}$이 가장 큰 수니까 $\frac{3}{5}$에서 $\frac{1}{5}$을 빼면 ●의 값이 나와요

· $●-0.4=1.2$ 에서 ●의 값 구하기

$●-0.4=1.2$

$1.2+0.4=●$ ➡ $●=1.6$

●가 가장 큰 수니까 1.2와 0.4를 더하면 ●의 값이 나와요

바빠 꿀팁!

· 자연수의 덧셈식과 뺄셈식에서 어떤 수 구하기와 푸는 방법이 같아요.

$2+\square=6$ ➡ $6-2=\square$ ➡ $\square=4$

$\frac{2}{7}+\square=\frac{6}{7}$ ➡ $\frac{6}{7}-\frac{2}{7}=\square$ ➡ $\square=\frac{4}{7}$

쉬운 수와 비교하니까 이해하기 쉽죠? 분수와 소수일 때도 덧셈과 뺄셈의 관계를 이용하면 돼요.

A 덧셈식을 뺄셈식으로 나타내면 □ 안의 수를 구할 수 있어요.
▲+□=■ ➡ ■-▲=□ □+●=★ ➡ ★-●=□

🐾 □ 안에 알맞은 수를 써넣으세요.

① $\frac{2}{7}+\boxed{\frac{3}{7}}=\frac{5}{7}$
$\frac{5}{7}-\frac{2}{7}=\square$,
$\square=\frac{3}{7}$

② $\frac{7}{9}+\frac{1}{9}=\frac{8}{9}$
$\frac{8}{9}-\frac{1}{9}=\square$,
$\square=\frac{7}{9}$

③ $\frac{1}{5}+\boxed{1\frac{3}{5}}=1\frac{4}{5}$
$1\frac{4}{5}-\frac{1}{5}=\square$, $\square=1\frac{3}{5}$

④ $\boxed{\frac{3}{10}}+\frac{7}{10}=1$
$1-\frac{7}{10}=\square$, $\square=\frac{3}{10}$

⑤ $1\frac{3}{7}+\boxed{1\frac{2}{7}}=2\frac{5}{7}$

⑥ $\boxed{1\frac{4}{9}}+2\frac{4}{9}=3\frac{8}{9}$

⑦ $0.5+\boxed{0.9}=1.4$

⑧ $\boxed{1.4}+2.5=3.9$

⑨ $1.32+\boxed{2.16}=3.48$

⑩ $\boxed{2.17}+4.56=6.73$

B 뺄셈식을 덧셈식 또는 다른 뺄셈식으로 나타내면 □ 안의 수를 구할 수 있어요.
□-▲=■ ➡ ■+▲=□ ●-□=★ ➡ ●-★=□

🐾 □ 안에 알맞은 수를 써넣으세요.

① $\boxed{\frac{4}{5}}-\frac{1}{5}=\frac{3}{5}$
$\frac{3}{5}+\frac{1}{5}=\square$,
$\square=\frac{4}{5}$

② $\frac{9}{11}-\boxed{\frac{3}{11}}=\frac{6}{11}$
$\frac{9}{11}-\frac{6}{11}=\square$,
$\square=\frac{3}{11}$

③ $\boxed{1}-\frac{3}{8}=\frac{5}{8}$
$\frac{5}{8}+\frac{3}{8}=\square$, $\square=1$

④ $1\frac{5}{9}-\boxed{1\frac{4}{9}}=\frac{1}{9}$
$1\frac{5}{9}-\frac{1}{9}=\square$, $\square=1\frac{4}{9}$

⑤ $\boxed{2\frac{6}{7}}-1\frac{2}{7}=1\frac{4}{7}$

⑥ $5\frac{9}{13}-\boxed{3\frac{4}{13}}=2\frac{5}{13}$

⑦ $\boxed{3.2}-0.7=2.5$

⑧ $4.5-\boxed{2.8}=1.7$

⑨ $\boxed{3.25}-1.54=1.71$

⑩ $5.96-\boxed{2.38}=3.58$

 C  덧셈과 뺄셈의 관계를 이용할 때 수직선을 그리면 이해하기 쉬워요.

🐾 □ 안에 알맞은 수를 써넣으세요.

① $\boxed{\frac{5}{11}}+\frac{3}{11}=\frac{8}{11}$
$\frac{8}{11}-\frac{3}{11}=\square$, $\square=\frac{5}{11}$

② $\frac{11}{15}-\frac{7}{15}=\frac{4}{15}$
$\frac{4}{15}+\frac{7}{15}=\square$, $\square=\frac{11}{15}$

③ $\frac{4}{5}+\boxed{\frac{3}{5}}=1\frac{2}{5}$
$1\frac{2}{5}-\frac{4}{5}=\square$, $\square=\frac{3}{5}$

④ $1-\boxed{\frac{5}{9}}=\frac{4}{9}$
$1-\frac{4}{9}=\square$, $\square=\frac{5}{9}$

⑤ $\boxed{1\frac{2}{7}}+2\frac{5}{7}=4$

⑥ $\boxed{3}-1\frac{3}{8}=1\frac{5}{8}$

⑦ $4.9+\boxed{6.4}=11.3$

⑧ $10.5-\boxed{4.7}=5.8$

⑨ $\boxed{1.75}+3.46=5.21$

⑩ $9.2-6.71=2.49$

안의 수를 구한 다음 답이 맞는지 확인하면 실수를 줄일 수 있어요.

🐾 □ 안에 알맞은 수를 써넣으세요.

1 $\dfrac{7}{12} + \boxed{\dfrac{5}{12}} = 1$

$1 - \dfrac{7}{12} = \square,\ \square = \dfrac{5}{12}$

2 $1\dfrac{1}{5} - \dfrac{2}{5} = \dfrac{4}{5}$

$\dfrac{4}{5} + \dfrac{2}{5} = \square,\ \square = \dfrac{6}{5} = 1\dfrac{1}{5}$

3 $\boxed{\dfrac{3}{7}} + \dfrac{6}{7} = 1\dfrac{2}{7}$

$1\dfrac{2}{7} - \dfrac{6}{7} = \square,\ \square = \dfrac{3}{7}$

4 $4\dfrac{5}{9} - \boxed{2\dfrac{7}{9}} = 1\dfrac{7}{9}$

$4\dfrac{5}{9} - 1\dfrac{7}{9} = \square,\ \square = 2\dfrac{7}{9}$

5 $1\dfrac{3}{5} + \boxed{1\dfrac{4}{5}} = 3\dfrac{2}{5}$

6 $\boxed{2} - 1\dfrac{3}{8} = \dfrac{5}{8}$

7 $\boxed{3.38} + 2.32 = 5.7$

8 $7.06 - \boxed{4.16} = 2.9$

9 $4.69 + \boxed{2.51} = 7.2$

10 $\boxed{6.65} - 2.8 = 3.85$

> 답이 맞는지 확인까지 하면 완벽하겠죠?

도전! 땅 짚고 헤엄치는 문장제
기초 문장제로 연산의 기본 개념을 익혀 봐요!

🐾 □를 사용하여 하나의 식으로 나타내어 답을 구하세요.

1 어떤 수에 $\dfrac{4}{9}$를 더했더니 $1\dfrac{2}{9}$가 되었습니다. 어떤 수는 얼마일까요?

식 $\boxed{\;} + \dfrac{4}{9} = 1\dfrac{2}{9}$　　　답 $\dfrac{7}{9}$

$1\dfrac{2}{9} - \dfrac{4}{9} = \square,\ \square = \dfrac{7}{9}$

어떤 수
$\boxed{\;} + \dfrac{4}{9} = 1\dfrac{2}{9}$

어떤 수를 □로 나타내요.

2 $2\dfrac{6}{7}$에서 어떤 수를 뺐더니 $1\dfrac{3}{7}$이 되었습니다. 어떤 수는 얼마일까요?

식 $2\dfrac{6}{7} - \square = 1\dfrac{3}{7}$　　　답 $1\dfrac{3}{7}$

$2\dfrac{6}{7} - 1\dfrac{3}{7} = \square,\ \square = 1\dfrac{3}{7}$

3 어떤 수에 4.8을 더했더니 10.2가 되었습니다. 어떤 수는 얼마일까요?

식 $\square + 4.8 = 10.2$　　　답 5.4

$10.2 - 4.8 = \square,\ \square = 5.4$

어떤 수
$\boxed{\;} + 4.8 = 10.2$

4 6.3에서 어떤 수를 뺐더니 2.17이 되었습니다. 어떤 수는 얼마일까요?

식 $6.3 - \square = 2.17$　　　답 4.13

$6.3 - 2.17 = \square,\ \square = 4.13$

---

20 분자가 될 수 있는 수를 구할 때도 >, <를 =로 생각해

☆ $\dfrac{\square}{7} + \dfrac{1}{7} < \dfrac{6}{7}$ 에서 □ 안에 들어갈 수 있는 가장 큰 자연수 구하기

1단계 < 대신 =로 바꿔서 식을 만족하는 어떤 수를 구합니다.

$\dfrac{\square}{7} + \dfrac{1}{7} = \dfrac{6}{7},\ \dfrac{6}{7} - \dfrac{1}{7} = \dfrac{\square}{7},\ \dfrac{\square}{7} = \dfrac{5}{7} \Rightarrow \square = 5$

2단계 $\dfrac{\square}{7} + \dfrac{1}{7} < \dfrac{6}{7}$ 에서 □ 안의 수와 5의 크기를 비교합니다.

> $\dfrac{\square}{7} + \dfrac{1}{7}$이 $\dfrac{6}{7}$보다 작아야 하므로
> □ 안에 들어갈 수 있는 수는 5보다 작아야 합니다.

➡ □ 안에 들어갈 수 있는 가장 큰 자연수: **4** ← 5-1

☆ $\dfrac{8}{9} - \dfrac{\square}{9} < \dfrac{4}{9}$ 에서 □ 안에 들어갈 수 있는 가장 작은 자연수 구하기

1단계 < 대신 =로 바꿔서 식을 만족하는 어떤 수를 구합니다.

$\dfrac{8}{9} - \dfrac{\square}{9} = \dfrac{4}{9},\ \dfrac{8}{9} - \dfrac{4}{9} = \dfrac{\square}{9},\ \dfrac{\square}{9} = \dfrac{4}{9} \Rightarrow \square = 4$

2단계 $\dfrac{8}{9} - \dfrac{\square}{9} < \dfrac{4}{9}$ 에서 □ 안의 수와 4의 크기를 비교합니다.

> $\dfrac{8}{9} - \dfrac{\square}{9}$가 $\dfrac{4}{9}$보다 작아야 하므로
> □ 안에 들어갈 수 있는 수는 4보다 커야 합니다.

> 빼는 수가 클수록 값이 작아져요.

➡ □ 안에 들어갈 수 있는 가장 작은 자연수: **5** ← 4+1

>, <를 =로 바꾼 식을 만족하는 어떤 수를 구한 다음
어떤 수보다 큰 수 또는 작은 수를 찾으면 돼요.

🐾 □ 안에 들어갈 수 있는 수를 모두 찾아 ○표 하세요.

1 $\dfrac{\square}{11} + \dfrac{2}{11} > \dfrac{7}{11}$

> $\dfrac{\square}{11} + \dfrac{2}{11} = \dfrac{7}{11}$이라고 하고 식을 만족하는 수를 먼저 구해 봐요.

1　2　3　4　5　⑥　⑦　⑧　⑨

$\dfrac{\square}{11} + \dfrac{2}{11} = \dfrac{7}{11}$ 이라고 하면 $\dfrac{7}{11} - \dfrac{2}{11} = \dfrac{\square}{11},\ \square = 5$

$\dfrac{\square}{11} + \dfrac{2}{11} > \dfrac{7}{11}$ 에서 □ 안의 수는 5보다 커야 하므로 6, 7, 8, 9

2 $\dfrac{3}{5} + \dfrac{\square}{5} < 1\dfrac{2}{5}$

①　②　③　4　5　6　7　8　9

$\dfrac{3}{5} + \dfrac{\square}{5} = 1\dfrac{2}{5}$ 라고 하면 $1\dfrac{2}{5} - \dfrac{3}{5} = \dfrac{\square}{5},\ \square = 4$

$\dfrac{3}{5} + \dfrac{\square}{5} < 1\dfrac{2}{5}$ 에서 □ 안의 수는 4보다 작아야 하므로 1, 2, 3

3 $\dfrac{\square}{12} - \dfrac{5}{12} > \dfrac{1}{12}$

1　2　3　4　5　6　⑦　⑧　⑨

4 $1\dfrac{3}{10} - \dfrac{\square}{10} < \dfrac{9}{10}$

> □ 앞에 뺄셈 기호가 있으니까 □ 안의 수가 클수록 $1\dfrac{3}{10} - \dfrac{\square}{10}$의 값이 작아져요.

1　2　3　4　⑤　⑥　⑦　⑧　⑨

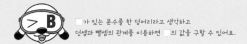

> B ☐가 있는 분수를 한 덩어리라고 생각하고
덧셈과 뺄셈의 관계를 이용하면 ☐의 값을 구할 수 있어요.

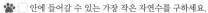

C 덧셈과 뺄셈의 관계를 이용할 때
받아올림과 받아내림이 있는 대분수의 덧셈과 뺄셈에 주의해요.

🐾 ☐ 안에 들어갈 수 있는 가장 큰 자연수를 구하세요.

① $\dfrac{\square}{9} + \dfrac{2}{9} < \dfrac{8}{9}$

➡ 5

$\dfrac{\square}{4} + \dfrac{1}{4} = \dfrac{3}{4}$ ➡ ☐=2
$\dfrac{\square}{4} + \dfrac{1}{4} < \dfrac{3}{4}$ ➡ ☐<2

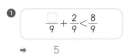

$\dfrac{\square}{9} + \dfrac{2}{9} = \dfrac{8}{9}$ 이라고 하면 $\dfrac{8}{9} - \dfrac{2}{9} = \dfrac{\square}{9}$, ☐=6
$\dfrac{\square}{9} + \dfrac{2}{9} < \dfrac{8}{9}$ 에서 ☐ 안의 수는 6보다 작아야 하므로 가장 큰 자연수는 5

② $\dfrac{9}{13} + \dfrac{\square}{13} < \dfrac{12}{13}$

➡ 2

$\dfrac{9}{13} + \dfrac{\square}{13} = \dfrac{12}{13}$ 라고 하면 $\dfrac{12}{13} - \dfrac{9}{13} = \dfrac{\square}{13}$, ☐=3
$\dfrac{9}{13} + \dfrac{\square}{13} < \dfrac{12}{13}$ 에서 ☐ 안의 수는 3보다 작아야 하므로 가장 큰 자연수는 2

③ $\dfrac{\square}{8} - \dfrac{1}{8} < \dfrac{5}{8}$

➡ 5

$\dfrac{\square}{8} - \dfrac{1}{8} = \dfrac{5}{8}$ 라고 하면 $\dfrac{5}{8} + \dfrac{1}{8} = \dfrac{\square}{8}$, ☐=6
$\dfrac{\square}{8} - \dfrac{1}{8} < \dfrac{5}{8}$ 에서 ☐ 안의 수는 6보다 작아야 하므로 가장 큰 자연수는 5

④ $\dfrac{\square}{7} + \dfrac{2}{7} < 1\dfrac{1}{7}$

➡ 5

⑤ $1\dfrac{2}{11} - \dfrac{\square}{11} > \dfrac{5}{11}$

➡ 7

⑥ $1\dfrac{4}{5} + \dfrac{\square}{5} < 2\dfrac{2}{5}$

➡ 2

⑦ $\dfrac{\square}{15} - \dfrac{7}{15} < 1\dfrac{1}{15}$

➡ 22

🐾 ☐ 안에 들어갈 수 있는 가장 작은 자연수를 구하세요.

잘하고 있어요
조금 더 힘내요!

① $\dfrac{\square}{7} + \dfrac{4}{7} > \dfrac{6}{7}$

➡ 3

$\dfrac{\square}{7} + \dfrac{4}{7} = \dfrac{6}{7}$ 이라고 하면 $\dfrac{6}{7} - \dfrac{4}{7} = \dfrac{\square}{7}$, ☐=2
$\dfrac{\square}{7} + \dfrac{4}{7} > \dfrac{6}{7}$ 에서 ☐ 안의 수는 2보다 커야 하므로 가장 작은 자연수는 3

② $\dfrac{\square}{13} - \dfrac{4}{13} > \dfrac{6}{13}$

➡ 11

$\dfrac{\square}{13} - \dfrac{4}{13} = \dfrac{6}{13}$ 이라고 하면 $\dfrac{6}{13} + \dfrac{4}{13} = \dfrac{\square}{13}$, ☐=10
$\dfrac{\square}{13} - \dfrac{4}{13} > \dfrac{6}{13}$ 에서 ☐ 안의 수는 10보다 커야 하므로 가장 작은 자연수는 11

③ $\dfrac{3}{11} + \dfrac{\square}{11} > \dfrac{9}{11}$

➡ 7

$\dfrac{3}{11} + \dfrac{\square}{11} = \dfrac{9}{11}$ 라고 하면 $\dfrac{9}{11} - \dfrac{3}{11} = \dfrac{\square}{11}$, ☐=6
$\dfrac{3}{11} + \dfrac{\square}{11} > \dfrac{9}{11}$ 에서 ☐ 안의 수는 6보다 커야 하므로 가장 작은 자연수는 7

④ $1\dfrac{1}{9} - \dfrac{\square}{9} < \dfrac{5}{9}$

➡ 6

$1\dfrac{1}{9} - \dfrac{\square}{9} = \dfrac{5}{9}$ 라고 하면 $1\dfrac{1}{9} - \dfrac{5}{9} = \dfrac{\square}{9}$, ☐=5
$1\dfrac{1}{9} - \dfrac{\square}{9} < \dfrac{5}{9}$ 에서 ☐ 안의 수는 5보다 커야 하므로 가장 작은 자연수는 6

⑤ $\dfrac{\square}{15} + \dfrac{7}{15} > 1\dfrac{1}{15}$

➡ 10

⑥ $\dfrac{\square}{12} - \dfrac{7}{12} > \dfrac{1}{12}$

➡ 9

⑦ $1\dfrac{5}{9} + \dfrac{\square}{9} > 2\dfrac{2}{9}$

➡ 7

⑧ $4\dfrac{1}{11} - \dfrac{\square}{11} < 3\dfrac{7}{11}$

➡ 6

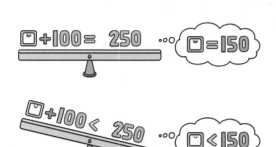

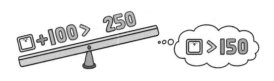

야호! 게임처럼 즐기는 **연산 놀이터**
다양한 유형의 문제로 즐겁게 마무리해요.

🐾 ☐ 안에 들어갈 수 있는 수를 모두 찾아 ◯표 하세요.

① $\dfrac{2}{15} + \dfrac{\square}{15} < \dfrac{8}{15}$

③ ④
⑤ 6 7
8 9

$\dfrac{2}{15} + \dfrac{\square}{15} = \dfrac{8}{15}$ 이라고 하면
$\dfrac{8}{15} - \dfrac{2}{15} = \dfrac{\square}{15}$, ☐=6
$\dfrac{2}{15} + \dfrac{\square}{15} < \dfrac{8}{15}$ 에서
☐ 안의 수는 6보다 작아야 하므로 3, 4, 5

② $\dfrac{\square}{9} - \dfrac{4}{9} > \dfrac{1}{9}$

2 3
4 5 ⑥
⑦ ⑧

$\dfrac{\square}{9} - \dfrac{4}{9} = \dfrac{1}{9}$ 이라고 하면
$\dfrac{1}{9} + \dfrac{4}{9} = \dfrac{\square}{9}$, ☐=5
$\dfrac{\square}{9} - \dfrac{4}{9} > \dfrac{1}{9}$ 에서
☐ 안의 수는 5보다 커야 하므로 6, 7, 8

③ $1\dfrac{3}{8} - \dfrac{\square}{8} > \dfrac{7}{8}$

① ②
③ 4 5
6 7

$1\dfrac{3}{8} - \dfrac{\square}{8} = \dfrac{7}{8}$ 이라고 하면
$1\dfrac{3}{8} - \dfrac{7}{8} = \dfrac{\square}{8}$, ☐=4
$1\dfrac{3}{8} - \dfrac{\square}{8} > \dfrac{7}{8}$ 에서
☐ 안의 수는 4보다 작아야 하므로 1, 2, 3

④ $\dfrac{\square}{11} + \dfrac{8}{11} > 1\dfrac{4}{11}$

4 5
6 7 ⑧
⑨ ⑩

$\dfrac{\square}{11} + \dfrac{8}{11} = 1\dfrac{4}{11}$ 이라고 하면
$1\dfrac{4}{11} - \dfrac{8}{11} = \dfrac{\square}{11}$, ☐=7
$\dfrac{\square}{11} + \dfrac{8}{11} > 1\dfrac{4}{11}$ 에서
☐ 안의 수는 7보다 커야 하므로 8, 9, 10

3·4학년 방정식 훈련 끝!
여기까지 온 바빠 친구들!
정말 대단해요~!

읽는 재미를 높인 초등 문해력 향상 프로그램
바빠 독해 (전 6권)

바빠

바빠쌤이 알려 주는 '바빠 영어' 학습 로드맵

'바빠 영어'로 초등 영어 끝내기!

바빠 파닉스 ①, ②

바빠 사이트 워드 ①, ②

바빠 영단어 Starter ①, ②

영어동화 100편

바빠 3·4 영단어
+
바빠 3·4 영문법 ①, ②

바빠 5·6 영단어
+
바빠 5·6 영문법 ①, ②

바빠 5·6 영어 시제
+
바빠 5·6 영작문

※ '바빠 공부단 카페(cafe.naver.com/easyispub)'에서 바빠 영어 시리즈의 학습 자료와 지도 팁을 확인하세요!

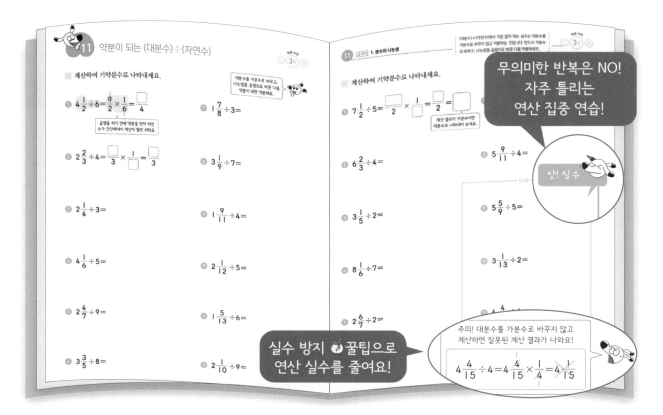

나 혼자 푼다! 수학 문장제 (전 12권)

바쁜 초등학생을 위한 바른 학습법 – 서술형 기본서

나 혼자 푼다! 수학 문장제 초등 5-1

새 교육과정 완벽 반영!
1학기 교과서 순서와 똑같아
공부하기 좋아요!

- 막막하지 않아요! 빈칸 을 채우면 저절로 완성!
- 주관식부터 서술형까지, 학교 시험 걱정 해결!

1~6학년용 학기별 전 12권 | 각 권 9,000원~9,800원

★★★ 학교 시험 서술형 완벽 대비

빈칸 을 채우면 풀이와 답이 완성된다!

새 교육과정 완벽 반영!

교과서 순서와 똑같아 공부하기 좋아요!

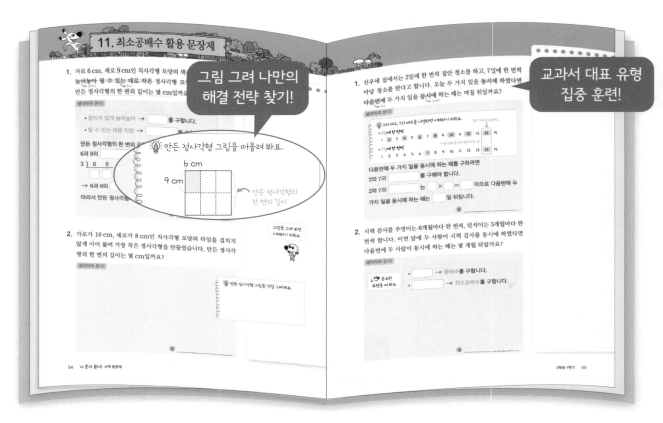

그림 그려 나만의 해결 전략 찾기!

교과서 대표 유형 집중 훈련!

60점 맞던 아이가 이 책으로 공부하고 단원평가 100점을 맞았어요! – 공부방 선생님 K

초등 방정식을 한 권으로 끝낸다!
10일 완성! 연산력 강화 프로그램

바쁜 3·4학년을 위한 빠른 방정식

알찬 교육 정보도 만나고 출판사 이벤트에도 참여하세요!

1. 바빠 공부단 카페
cafe.naver.com/easyispub

'바빠 공부단'에 가입해 공부하면 좋아요! '바빠 공부단'에 참여하면 국어, 영어, 수학 담당 바빠쌤의 지도와 격려를 받을 수 있어요.

2. 인스타그램 + 카카오 플러스 친구
@easys_edu 🔍 이지스에듀 검색!

'이지스에듀' 인스타그램을 팔로우하세요! 바빠 시리즈 출간 소식과 출판사 이벤트, 구매 혜택을 가장 먼저 알려 드려요!

바쁜 친구들이 즐거워지는 **빠른** 학습서

영역별 연산책 바빠 연산법
방학 때나 학습 결손이 생겼을 때~

- 바쁜 1·2학년을 위한 빠른 **덧셈**
- 바쁜 1·2학년을 위한 빠른 **뺄셈**
- 바쁜 초등학생을 위한 빠른 **구구단**
- 바쁜 초등학생을 위한 빠른 **시계와 시간**

- 바쁜 초등학생을 위한 빠른 **길이와 시간 계산**
- 바쁜 3·4학년을 위한 빠른 **덧셈**
- 바쁜 3·4학년을 위한 빠른 **뺄셈**
- 바쁜 3·4학년을 위한 빠른 **분수**
- 바쁜 3·4학년을 위한 빠른 **곱셈**
- 바쁜 3·4학년을 위한 빠른 **나눗셈**
- 바쁜 3·4학년을 위한 빠른 **방정식**

- 바쁜 초등학생을 위한 빠른 **약수와 배수, 평면도형 계산, 입체도형 계산, 자연수의 혼합 계산, 분수와 소수의 혼합 계산, 비와 비례, 확률과 통계**
- 바쁜 5·6학년을 위한 빠른 **곱셈**
- 바쁜 5·6학년을 위한 빠른 **나눗셈**
- 바쁜 5·6학년을 위한 빠른 **분수**
- 바쁜 5·6학년을 위한 빠른 **소수**
- 바쁜 5·6학년을 위한 빠른 **방정식**

바빠 국어/ 급수한자
초등 교과서 필수 어휘와 문해력 완성!

- 바쁜 초등학생을 위한 빠른 **맞춤법 1**
- 바쁜 초등학생을 위한 빠른 **급수한자 8급**
- 바쁜 초등학생을 위한 빠른 **독해 1, 2**

- 바쁜 초등학생을 위한 빠른 **독해 3, 4**
- 바쁜 초등학생을 위한 빠른 **맞춤법 2**
- 바쁜 초등학생을 위한 빠른 **급수한자 7급 1, 2**

- 바쁜 초등학생을 위한 빠른 **급수한자 6급 1, 2, 3**
- 보일락 말락~ 바빠 **급수한자판** + 6·7·8급 모의시험

- 바쁜 초등학생을 위한 빠른 **독해 5, 6**

재미있게 읽다 보면 나도 모르게 교과 지식까지 쑥쑥!

바빠 영어
우리 집, 방학 특강 교재로 인기 최고!

- 바쁜 초등학생을 위한 빠른 **영단어 스타터 1, 2**
- 바쁜 초등학생을 위한 빠른 **사이트 워드 1, 2**
- 바쁜 초등학생을 위한 빠른 **파닉스 1, 2**

전 세계 어린이들이 가장 많이 읽는
- **영어동화 100편 : 명작동화**

- 바쁜 3·4학년을 위한 빠른 **영단어**
- 바쁜 3·4학년을 위한 빠른 **영문법 1, 2**

- **영어동화 100편 : 과학동화**
- **영어동화 100편 : 위인동화**

- 바쁜 5·6학년을 위한 빠른 **영단어**
- 바쁜 5·6학년을 위한 빠른 **영문법 1, 2**
- 바쁜 5·6학년을 위한 빠른 영어특강 - **영어 시제** 편
- 바쁜 5·6학년을 위한 빠른 **영작문**

빈칸을 채우면 풀이가 완성된다! – 서술형 기본서
나 혼자 푼다! 수학 문장제

60점 맞던 아이가 이 책으로 공부하고 단원평가 100점을 맞았어요!

– 공부방 선생님이 보내 준 후기 중

새 교육과정 완벽 반영!

본문 살펴 보기

단계별 풀이 과정 훈련!
막막했던 풀이 과정을
손쉽게 익혀요!

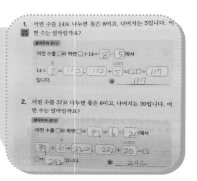

1학년 1학기~6학년 2학기 학기별 출간!

주관식부터 서술형까지, 요즘 학교 시험 걱정 해결!

교과서 대표 문장제부터 차근차근 집중 훈련!

풀이과정
나 혼자 완성!

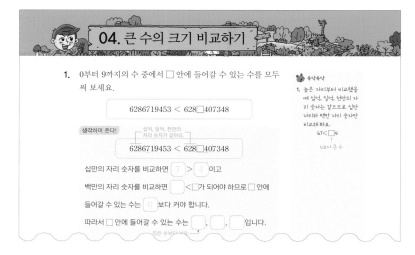

막막하지 않아요!
빈칸을 채우면 풀이와 답 완성!